学会宽恕

走出心理伤痛、重拾心灵阳光的有效方法

［美］弗雷德·罗斯金 博士（**Dr.** Fred Luskin） 著

张勇 译

Forgive for Good
A PROVEN Prescription
for
Health and Happiness

上海社会科学院出版社
SHANGHAI ACADEMY OF SOCIAL SCIENCES PRESS

译者序

从宽恕到幸福

○ 张　勇

在生活中，我们都遇到过种种不顺心的事，诸如老板的欺骗、配偶的不忠、朋友的背叛、父母之爱的缺失以及意料之外的偶然事故，等等，而且在未来的生活中，我们随时都可能再次面对这些不幸。所谓人生不如意事十常八九，说的就是这个意思。因此，有智者告诉我们，应该"常想一二，不思八九"。然而，我们的大脑似乎又有种天生的秉性，倾向于记住痛苦的经历，忽略快乐的片段。我们或多或少都有这样的经验：痛苦总是历久弥新，而快乐往往稍纵即逝。如果不如意事注定要盘踞在我们的脑海中，难以忘怀，那么我们又该如何"常想一二，不思八九"呢？有没有具体可行的方法可供使用和练习呢？

读者诸君现在看到的这本书——弗雷德·罗斯金博士（Dr. Fred Luskin）的《学会宽恕》就为我们提供了一套简单、易行而且高效、实用的方法。罗斯金现任斯坦福大学宽恕项目主任，也是宽恕领域研究的开创者之一，他的博士毕业论文即是关于宽恕的，并以此获得了斯坦福大学咨询心理学和健康心理学专业的博士学位。《芝加哥论坛报》曾将罗斯金在宽恕方面的成就与《男人来自火星，女人来自金星》的作者约翰·格雷（John Gray）在人际关系方面的成就相提并论，足见罗斯金在该领域的突出贡献。

宽恕作为人际关系中的一项原则，似乎已经成为陈词滥调了。对于西方读者来说，宽恕是基督教的基本要义，《圣经》中不乏宣扬宽恕的句子，如《圣经·箴言》里写道："人有见识，就不轻易发怒；宽恕人的过失，便是自己的荣耀。"对于中国读者来说，宽恕也是儒家教义的内涵之一，在《论语·里仁》中，曾子对孔子"一以贯之"的"道"作出了解释："夫子之道，忠恕而已矣。"在《学会宽恕》中，罗斯金讨论的"宽恕"与以上这些宗教性的道义是迥然有别的，他试图厘清的也是通常人们对宽恕的误解。

首先，作者开宗明义地指出，"宽恕是为了你自己，不是为了冒犯者"，是为了自己的身心健康。罗斯金详细分析了宽恕的对立面——不满的产生过程，不满缘于太过情绪化地看待自己的遭遇，并将自己的感受归罪于伤害者。不能控制情绪会影响我们的精神和身体健康：从生理上来看，人体受到伤害时会产生"抗争/逃避"反应，释放出压力性化学物质，以作出脱离危险的反应。这是人体自我保护功能的一部分。然而，人体无法辨别出实际的伤害或脑海中想象的伤害，也无法辨别出这些伤害是新是旧。也就是说，脑际长久萦绕不散的伤痛经验会刺激身体不断地释放出压力性化学物质，这些化学物质则直接影响我们的精神和身体健康。罗斯金在书中引用了大量的研究结果，均证实了不能宽恕者在心血管、神经、肌肉系统疾病患病率方面都更高一些，而宽恕则会降低这类疾病的患病机率。

其次，宽恕并不意味着纵容伤害行为，宽恕也不是为了修复我们与伤害者的关系。宽恕并不意味着遗忘过去的伤痛，不是放弃寻求正义的努力。宽恕究其根本是一种看待伤害的方式。当我们回忆过去时，我们一定程度上都在讲述一个关于自己的故事。宽恕涉及的就是如何界定这些故事中的主角——我们自己的身份，是一个无助的受害者，抑或是一个成功克服伤痛的英雄。每一个故事其实都有多种讲述方式，只不过我们过于沉溺于自我的不幸之中，对其他可能的讲述方式视而不见罢了。我们的大脑总是分门别类地储存记忆的，当一件事情被置入"不满"或"悲伤"的类别，每当它浮现于脑际时，总会勾起其他的类似记忆与它们一起到来，这无疑加重了我们的不满或悲伤。打破这样一种恶性循环，取决于我们起初给伤痛贴上怎样的标签，将它们纳入哪类记忆之中。

罗斯金以丰富的案例和详实的数据，表明了宽恕的益处。宽恕者不再是过去的牺牲品，不仅走出了过去伤痛的阴影，拯救了自己，也可以给同样受怨恨折磨的人以帮助，对生命中重要的人予以爱和关心。作者指出，宽恕其实不难，它是可以通过反复练习而掌握的一项技能。"宽恕的主要障碍是，我们对什么是宽恕缺乏了解"。经过抽丝剥茧式的分析，罗斯金发现，不满和怨恨的根源在于不可执行的原则。每个人生活中都有各种各样的原则，它们构成了林林总总生活表象背后的肌理。然而，有些原则是可以执行的，有些则是不可执行的。我们对自己的生活原则多多少少是有所知晓的，但是又有多少人追问过这些原则是否可以执行呢？罗斯金在书中列举了一些常见的不可执行的原则，譬如"我的配偶必须忠诚""人们一定不能欺骗我""生活应该是公平的""人们必须按照我希望的方式待我以友善和关爱""我的生活必须是轻松的""我的过去不应该是它实际上的样子""我的父母应该对我好一点"等等。这些原则一定不同程度上也贯穿在我们的生活之中，它们之所以是不可执行的，是因为它们都没有体现我们自身的能动性，而把改变的希望委之于他人。宽恕最终需要做的，便是挑战这些不可执行的原则。

以改变不满和挑战不可执行的原则为基础，罗斯金在长期的实践中形成了系统的宽恕训练方法。这包括转换频道、"感恩"呼吸法、内心专注法和重新关注积极情感的技巧。练习者通过这些具体可行的方法，将不满频道转换至感激、爱、美等频道，真正将情绪的"遥控器"掌握在自己手中，并发现自己的积极意图。罗斯金进而提炼了"HEAL治疗法"，作为以上这些技巧的强化版本，并提供了完整版本和简要版本的"HEAL治疗法"练习指南，方便读者根据自己的情况随时进行练习。在本书的最后，作者将宽恕概括为九个步骤，这便是罗斯金著名的"九步宽恕法"。读者在熟悉全书的内容之后，也可以时时回顾"九步宽恕法"，通过反复练习，成为一个宽恕者和积极生活者。

正如罗斯金在书中引用美国著名犹太裔学者汉娜·阿伦特（Hannah Arendt）的话所说的，"宽恕是行动和自由的钥匙"。只有通过行动，才能走出过去的伤痛，获得内心的自由，而内心的自由则是新的行动的动力。作为原籍德国的犹太人，汉娜·阿伦特在希特勒上台之后即开始了长期的流亡生涯，饱受排犹主义之苦，她应该最能理解宽恕的重要性。这种宽恕当然不是忽略法西斯主义的罪行，而是为自己找到重新启航的内心之帆。罗斯金指出，宽恕不仅包括宽恕他人，也包含自我宽恕，"九步宽恕法"对于后者同样也是有效的。相似的是，罗斯金的宽恕训练课程也接待过两批来自北爱尔兰的受害者，他们都在政治暴力、宗教冲突中失去了至少一位亲人。训练前后的数据对比及接受训练后半年的跟踪调查数据表明，罗斯金的宽恕训练技巧是有效的、持久的。这些北爱尔兰受害者同时也是天主教徒或新教徒，他们的宽恕历程表明，"九步宽恕法"达到了超乎宗教的宽恕效果。

当前，随着生活节奏的日益加快、社会交往的增多以及一些社会矛盾的尖锐化，我们的社会心态也确实面临不少严峻的挑战和问题。这向我国的积极心理学发展提出了迫切要求。我相信，《学会宽恕》作为美国积极心理学领域中的重要著作之一，一定能对中国社会积极心态的培养作出些许的贡献。

目 录
CONTENTS

译者序 从宽恕到幸福

引 言 / 001

第一部分 为何你总是不满

第 1 章　满腹失望　/ 003
第 2 章　对待事情太过情绪化　/ 012
第 3 章　责怪他人　/ 022
第 4 章　不满故事　/ 035
第 5 章　原则，原则，原则　/ 049

第二部分 宽恕是一种选择

第 6 章　宽恕还是不宽恕，这是一个问题　/ 067
第 7 章　关于宽恕的科学研究　/ 082
第 8 章　北爱尔兰希望项目：终极检验　/ 099

第三部分　成为一个宽恕者

第 9 章　治愈伤痛的宽恕技巧　/ 109

第 10 章　把无法执行的原则转变为愿望和希望　/ 128

第 11 章　积极意图　/ 144

第 12 章　HEAL 治疗法（上）　/ 162

第 13 章　HEAL 治疗法（下）　/ 176

第 14 章　成为一个宽恕者的四个阶段　/ 188

第 15 章　宽恕自己　/ 204

第 16 章　结语　/ 220

致　谢　/ 231

引 言

想象一下这个画面吧：一个忙碌的航空调度员面对着密密麻麻的屏幕。想象一下他的房间里那纷乱的场面，以及屏幕上那些杂乱的飞机吧。现在再假设一下：你尚未解决的不满就是屏幕上的那些飞机，已经在空中连续盘旋了数天甚至数周了。其他飞机大多已经着陆，但是你尚未解决的不满还继续占据着先前的领空，消耗着资源，而这些资源在紧急情况下可能是需要用到的。一直让它们留在屏幕上，会让你越来越疲劳，也增加了事故发生的概率。这些不满"飞机"会变成压力之源，最终使你精疲力竭。

这些"飞机"最初是怎么升起来的？

你对待某些事情太情绪化了。

你一直将自己的糟糕感受归罪于伤害过你的人。

你虚构了一个关于不满的故事。

宽恕是什么？

- 宽恕是当你让这些盘旋的飞机着陆时，你学会感受到的平静。
- 宽恕是为了你自己，不是为了冒犯者。
- 宽恕是把你的力量收回来。

- 宽恕是对你的感受负责。
- 宽恕与你的治愈有关，与伤害你的那个人无关。
- 宽恕是一种可以通过训练获得的技能，就像学习扔棒球一样。
- 宽恕可以帮助你控制情绪。
- 宽恕能增进你的精神和身体健康。
- 宽恕是成为一个英雄，而非一个受害者。
- 宽恕是一种选择。
- 每个人都能学会宽恕。

宽恕不是什么？

- 宽恕不是纵容邪恶。
- 宽恕不是遗忘痛苦的事发生过这一事实。
- 宽恕不是给不良行为找借口。
- 宽恕不必是一种超凡脱俗或宗教性的体验。
- 宽恕不是否认你受到了伤害或者将其小而化之。
- 宽恕并不意味着与冒犯者妥协。
- 宽恕并不意味着你不动任何感情。

我并不是说，当我们受到伤害或虐待时，我们没有生气的权利。我的宽恕研究表明，宽恕者仍然可以生气，只不过他们的生气更明智罢了。我也不是说，宽恕意味着我们要纵容他人的伤害。我看到，宽恕能帮助人们控制情绪，因此他们得以保持明辨是非的能力。他们不会因为一些无能为力的事情，而陷入愤怒和伤痛之中，白白耗费珍贵的精力。宽恕告诉我们，我们无法改变过去。宽恕不允许我们陷入过去之中不可自拔。宽恕让我们的"飞机"着陆，然后做些必要的修补。宽恕让我们获得应有的休息。

有人可能会怀疑：宽恕真如你所说的那样有用吗？或者可能会认为：宽恕不过是以某种方式让他人逃脱其行为的罪责罢了。或者说，宽恕意味着与伤害者妥协。或许你还在试图搞明白，为什么有人这么残酷地待你，而且你不相信学会宽恕能够帮你找到原因。或者，你长期遭受痛苦，非常怀疑有什么治愈的办法。如果你在一定程度上正是这么想的，那么你并非特例。每当我开设新班时，我都会遇到这种情形。

最近，我在宽恕研讨班上碰到了一个人，他所关心的问题正是许多人关心的。他叫杰里米（Jeremy），他来上宽恕课，是因为他单位的老板对他撒了谎，他很想知道该怎么去应对这件事。他的老板在一些重要的事情上反复对他撒谎，两个月前，杰里米终于发现了真相。他非常震怒，用他自己的话说，他仿佛是在一天前才识破谎言似的。他对我所说的宽恕的价值，立即提出了质疑。

杰里米关心的问题如下：

1. 如果我宽恕了我的老板，我是不是在纵容他撒谎？
2. 我怎么还能相信我的老板呢？
3. 我应该和我的老板对峙吗？
4. 我怎样才能不让这种情形困扰自己？

我告诉杰里米的话，也正是我要告诉你们所有人的。有人伤害了你，但这并不意味着你必须无限期地受苦。杰里米的老板撒谎了，这显然是他的错。为了宽恕，你必须要知道撒谎是不对的。宽恕并不意味着纵容谎言。宽恕帮助了杰里米，他开始能够回答这个问题了——对于撒谎的老板，他该怎么做。宽恕告诉杰里米，他依然可以享受他的生活，享受与家人和朋友在一起的时光，但无论他去哪里，他都不会邀请这位说谎的老板同行。

我问杰里米，他的老板是否真的值得他在过去八周中浪费这么多美好时光。杰里米说不值得。然后，我回应说，解决之道在于学习一项新技能，这样他就不会浪费接下来两个月的时光了。这项新技能便是宽恕。

我告诉杰里米，他可能不再信任他的老板了，他可能再也不会尊重他了。他可能会选择继续与一个他不尊重的老板共事，或者会去找份新工作。他可能会选择与他的老板对峙，或者他并不这样做。显然，杰里米需要做出一些困难的抉择。最后我告诉他，只要他被愤怒所困，他就无法清理自己的思路，从而无法做出可能的最好抉择。只要他生气和痛苦，他所考虑的选择就更多的与撒谎的老板相关，而不是与他自己的幸福相关。学会宽恕可以让杰里米、让我们做出可能的、最佳的人生选择。无论杰里米的内心是平静还是痛苦，他都得决定该如何与一个撒谎的老板共事。

我还想再补充一点。在生活中，我们有时会碰到说谎的老板，我们希望时光可以倒流，假装什么也没有发生过。不幸的是，生活中没有"重来一次"。我们无法改变过去。我曾经问过杰里米，他两个月的烦恼是否改变了已发生的事。杰里米当然知道答案。因此，我让他做几次缓慢的深呼吸，平静下来，然后构想一个故事——他从老板的行为中解脱出来了，快乐地生活着。当他构想出了这个故事，我看到他精神放松了，他的气息也变得正常多了。最后我告诉他，要实现他的新故事，首要的和最重要的一步就是宽恕。

莎拉（Sarah）的故事提供了另一个例证，证明学习宽恕可以帮助我们走出过去，让我们活在当下和未来。莎拉和吉姆仅仅约会几次便嫁给了他。她的家人和大多数朋友都提醒她再等等看，但是她自己更有主见。不幸的是，婚后仅仅几个月，莎拉就受到了不好的对待，而且发现家里的存款账户上没钱了。

逾期未付的账单通知开始定时地寄过来，而吉姆开始每夜都很晚才回家。就在莎拉要过一种新生活时，她发现自己的生活坍塌了。当她发现吉姆的秘密时，她崩溃了。他们在生意上的所有收入，几乎都被吉姆用来吸食可卡因和酗酒了。他们的儿子出生时，吉姆消失了一周。一天，他从另一个州打来电话，说他要离开家一阵子。

这次通话之后，莎拉再无吉姆的消息。她的生活恶化到她的父母不得不把她接回娘家，与他们一起生活。当吉姆结束流浪回来后，又开始纠缠她，甚至威胁到了她的生命。她担惊受怕，脆弱不堪，尽管有父母的帮助，还是得靠领社会救济金生活。

但是，她开始慢慢地重建自己的生活。她上了研究生，成为一名医院护士。她搬到一间公寓里，与一位亲密的朋友同住。此外，她还参加了我在斯坦福大学开设的宽恕课程——课程的名字叫做"学会宽恕"。通过这个课程，莎拉放下了对吉姆的怨恨，把她的时间和精力都投入到重建她的生活和照顾她的孩子上。

尽管从莎拉面对的这些毁灭性的问题来看，宽恕感觉像是一个琐碎的问题，但是她相信通过学习宽恕——是宽恕而不是遗忘——吉姆的可怕行为，她有可能获得重生。莎拉发现，宽恕让她不再那么愤怒了。她并没有放弃生气的能力，她放弃的只是被过多的愤怒所淹没的那种感觉。莎拉发现，随着她越来越不受吉姆的困扰，她能够做出更好的人生选择了。她考虑自己更多了，考虑吉姆更少了。莎拉还发现，学会宽恕让她更欣赏自己的孩子，更感激父母的帮助，更感激她的朋友们，更欣喜于自己全新的开始。莎拉也发誓要教儿子学会宽恕，这样他就不必遭受同样的痛苦了。

和莎拉一样，我们许多人都遇到过类似的事——受到某个亲近的人不公平的对待。不幸的是，我们的父母未能给予我们关心、指导或爱，而这些都是我们所需要的。或者，我们的配偶对我们撒谎，或有了外遇。或者，我们的朋友让我们失望了。许多人都是这类随机的、冷酷行为的受害者。

当这些事情发生时，感到痛苦和生气是正常的，甚至会持续很长一段时间。然而，痛苦和生气应当是转瞬即逝的情感，而非永恒不变的东西。我们有太多的人未能从糟糕的境遇中恢复过来，让过去的怨恨妨碍了我们现在的生活，损害了我们的健康，让我们的视野变得狭隘。

我也曾是这类人中的一员。我曾经遭遇了意想不到的背弃，几乎无法从中走出来，正是这段经历将我的兴趣引向了宽恕领域。许多年前，我长期以来最好的朋友山姆（Sam）遇到了一个注定成为他妻子的女人。不知出于什么原因，这个女人不喜欢我，山姆迅速、出人意外地中断了和我的交往。当我问他是怎么回事时，他告诉我的唯一理由，就是我对他的新伴侣不好。可是到那时为止，我只不过才与她交往了很短的时间。

更糟糕的事情还在后面。过了一段时间后，我发现山姆打算与她结婚了。当我知道我没有被邀请参加他们的婚礼时，你可以想象我有多沮丧。但这还不是最糟的，我是从我们一个共同的朋友那里知道山姆结婚的消息的。山姆既没有打电话也没有写信告诉我他要结婚了，这让我深感痛苦和困惑。山姆的背叛让我痛苦了多年。

失去这份友谊之所以让我如此痛苦，其中一个原因是我是独生子。我在没有兄弟姐妹的环境中长大，我把亲密的朋友看作家庭的一分子。我从未想过会发生这样的事情，我的损失让我措手不及。我需要去学习如何宽恕。花费了多年时间，我终于学会如何从痛苦中走出来。现在，我可以教你们如何从痛苦中恢复过来了。

相比于配偶的不忠，我的损失尽管不算严重，但也是毁灭性的。我和山姆曾经像兄弟般要好，他的背叛让我痛苦了多年。我能否吸引朋友和保持友谊？我对此已没有信心，我对别人的信任感也破碎了。我的妻子告诉我，我的声音听起来很痛苦。我开始揣度每个人的动机。苦涩、怨恨和悲伤折磨着我，我决定要把这一切做个了断。我知道，如果我想重新过上正常的生活，我就得宽恕山姆。《学会宽恕》这本书就是因此诞生的。

在写作过程中，我认识到，我以及我的研究对象所经历的苦痛都没有必要。无论什么样的痛苦，宽恕都会给我们带来一种近乎神圣的安宁感。但是，如果你像我过去那样，你就不知道如何在生活中进行宽恕。你像以前的我一样，非常需要这些技巧。

我可以先直接说说宽恕的力量。通过一步步地实践我的宽恕方法、做出强有力的决定，我和山姆又成了好朋友。我的生命中还有他，我感到很幸运。当我们聚会时，我感激有他的陪伴。当我和他见面时，我感到了自信，这让我意识到了宽恕的治愈力量。通过宽恕，你也可以获得这种自信；当生活艰难时，这种自信能让你重新振作起来。

我把宽恕界定为一种当下能够感知到的宁静和谅解。当你宽恕时，你挑战了你对他人行为的僵硬要求，把注意力集中到自己生活中好的事情上，而不是坏的方面。宽恕并不意味着忘却或否定痛苦的事情曾经发生过。宽恕是一种坚定的确信，即：坏的事情再也不会毁掉你今天的生活，尽管它们可能曾经毁掉了你的过去。

至于我的宽恕训练计划，其中一个中心信息便是：任何长期存在的痛苦和不满都建立在三个核心因素的基础上：

- 把个人性的冒犯夸大了。
- 将自己的感受归罪于冒犯者。

- 构想了一个不满故事。

认真地"哺育"、精心地"滋养"这些构成不满的因素，会让痛苦永久存在。而这正是我们拒绝宽恕时所做的事。黛比（Debbie）便是一个恰当的例子。她所讲述的对前夫不满的故事，让她陷入过去和痛苦之中。黛比的丈夫欺骗她，这些事实并没有得到改变。当她发现丈夫的不端行为时，她就去与他对质，而每一次他都发誓自己不再犯了。一次，她回家时看到丈夫和另一个女人正在长沙发椅上亲昵，于是她把丈夫赶出了家门。但这件事并没完，黛比告诉每个人，她遇到并嫁给了一个多么卑鄙的家伙。她根据自己的感受（而不是他的行为）来斥责他。她有一个非常离谱的不满故事。

每次，当她抱怨前夫时，她的胃就会痛，她的身体会发紧。黛比不知道如何以一种积极的方式去面对她的损失和痛苦。对她来说，至关重要的事情是让每个人都认识到前夫的卑鄙和过错，而且所发生的一切都不是她的错。当她描述自己的苦难时，她暂时能感受到解恨，但是这种抱怨对她的前夫毫无影响。黛比没有向前看，仍然完全活在前夫的阴影中，与她发现丈夫的不轨行为时相比，她感觉伤痛没有减轻丝毫。

然而，通过宽恕训练，她认识到：复述自己的不幸遭遇，只会突出一点，即：前夫对她仍然具有控制力。如果她想重回生活的轨道，她就不得不将控制权从他那里拿回来，这意味着她必须去宽恕。当黛比能够从不同的角度看待事情时，她感到非常欣慰。终于，她能够去建立一种新的、更好的人际关系了。

尽管人们不善待你的方式是多样的，但带来深度伤害的机制却是相同的。不论痛苦是如何造成的，导致不满的以上三个步骤都是可以清楚地解析的。理解这个过程将会帮助你走向美妙的宽恕体验。

吉尔（Jill）参加我的宽恕课程时，已经快50岁了。她的母亲已经去世10年了，但是她还在抱怨母亲没有能够爱她。她诉说着35年前发生的事情，仿佛它刚刚才发生似的，这掩盖了一个事实：在整个成年生活中，她都在抱怨自己的母亲。吉尔怨恨她母亲的不良影响，从而使她厌恶自己的生活。

我一直开导吉尔，直到她明白了一点——如果她一直将自己的感受归罪于母亲的话，她的母亲就仍然对她保持着无限的影响力。直到吉尔参加了我的宽恕课程，她才认识到她的抱怨对于她去世的母亲没有影响，却极大地伤害了她自己。她将我教的技巧付诸实践，宽恕了她的母亲。现在，吉尔可以从她的闺蜜那里寻求支持了——这是她从母亲那里从未获得过的。

多年来，我看到许多人都无法做到宽恕，他们大多数人告诉我，主要的问题在于没有人指导他们怎么做。在帮助过成千上万受过伤害的、尽力想去宽恕的人们之后，我坚信：从创伤中恢复对于健康是至关重要的，不论是情感健康还是身体健康。

我所讲授的宽恕课程通常会持续六次。每次开课前，我总是有点紧张，因为班上的学员都带着负担而来。他们中有许多人已经接受过多年的治疗，而其他一些人则以不同的方式一次次地试图自救。他们尽力想要搞清楚他们的痛苦遭遇有何意义，但这常常已经耗尽了家人和朋友的耐心。

尽管每个人的故事都是独特的，但所有学员却有一个共同点：他们寻找治疗的过程都是不成功的，而且他们仍然感到痛苦或愤怒。我给每个班的学员都分享过我的故事，让他们知道我也经历过许多类似的感情。读者朋友，让我告诉你我在课上对学员们说过的话吧：如果你能学会宽恕（在本书中你将学会如何去宽恕），你就会感觉好起来，获得一种掌控生活的力量，而这在之前看上去似乎是不可能的。

如果你学会了宽恕，你将会发现你的生活具有了多种可能性，这些可能性是你之前只敢去幻想的。你将获得一种对于情绪的控制感，你会发现，你有更多的精力去做出好的决定。你将会发现，你做决定时较少以痛苦的感情为基础了，而更多地考虑什么对你、对你所爱的人是最好的。

在本书中，你将会了解到：不满是如何形成的，心怀不满为何是毁灭性的，如何去宽恕，以及如何才能避免再次受到伤害。你将学会运用这些被证明有效的宽恕技能，去超越过去的痛苦，因此，你可以自信地迎接每一天，可以去创造更好的人际关系。阅读本书，你将会得到一个良方，它教你如何从生活的厄运中重获新生，达到一种安宁和幸福的状态。

在过去的十年中，出现了一些引人入胜的研究，都证明了宽恕的治愈力量。通过细致的科学研究，宽恕训练被证明可以减轻抑郁，增加希望，减少愤怒，提升精神交流质量，增加情感上的自信，并且可以帮助人们改善人际关系。学习宽恕对你的身心幸福和人际关系都是有益的。

研究显示：

- 更善于宽恕的人，健康问题更少。
- 宽恕可以减轻压力。
- 宽恕可以减少身体上的压力症状。
- 不能宽恕比心怀敌意更易成为心脏病的诱因。
- 将自己的问题归罪于他人的人患病的概率更高，比如心血管疾病和癌症。
- 一想到不能宽恕他人，人们的血压、肌肉紧张度和免疫反应就会呈现消极变化。

- 一想到宽恕冒犯者，人们的心血管、肌肉和神经系统就会有立即的改善。
- 即使是遭受过毁灭性损失的人，也能够学会宽恕，并在心理和情感上感觉更好。

最近，我给来自北爱尔兰的天主教徒和新教徒进行了两轮宽恕训练，这些人在长达 30 年的政治暴力中失去了他们的家人。在两轮训练过程中，我都对训练效果进行了研究，结果表明每轮训练都是成功的。在第一轮课程中，我面对的是那些在政治暴力中失去了儿子的女人们。经过了一周的宽恕训练，这些女人的痛苦、抑郁、压力和愤怒减轻了。她们也都表现出更多乐观和宽恕的品质。这些女人回到北爱尔兰六个月之后，报告显示，她们在情绪和人生观上仍然保持着积极的变化。

在一项标准的心理测试中，这些女人所感受到的痛苦值，接受训练前超过了 8（从 1 到 10 共分为十个等级），而在一周课程结束时这个数值则降到了 4 以下。在另一项不同的心理测试中，她们的抑郁程度在接受宽恕训练的过程中下降了 40%。这些女人都表示，她们回到北爱尔兰后要帮助国家中的其他人学会宽恕。她们的这种行为显示了宽恕不可思议的力量，既可以自救，也可以帮助别人。

在第二轮培训中，我面对的是一些北爱尔兰的天主教和新教的男女，他们在政治暴力中失去了家人。有的人是父母中的一位被谋杀了，有的人是失去了兄弟姐妹，还有一些人是失去了孩子。一共有 17 个人遭遇了所爱的人被谋杀的不幸。如果说到资格的话，这些人中的每一个人都有资格去痛苦、愤怒和感觉自己是受害者。不过，在一周的宽恕训练结束时，这些受害者都不那么消沉了，感觉身体上更健康、充满能量了，他们的损失所造成的伤害也减轻了。

显然，失去孩子或其他家庭成员是一种毁灭性的经历。没有什么东西可以完全弥补这种损失。如果连这些男人和女人都可以改善他们的情感和心理功能，那么毫无疑问，我们每一个人也都可以通过宽恕获得治愈。

作为宽恕研究的开拓者，我将把新兴科学领域中的发现与我帮助他人的高超技巧结合起来，让本书成为想要去宽恕的人们不可或缺的工具。

在我看来，宽恕并不仅仅意味着排解不满情绪，而是广泛得多。宽恕是我终生的工作。我是斯坦福大学宽恕项目的主任和开创者之一，该项目是迄今为止最大的国际宽恕训练计划。宽恕项目在很大程度上延续了我先前的一项研究，这项研究确立了宽恕训练的有效性。

在宽恕项目中，我们从旧金山海湾地区招募了一些人，他们都无法从人际关系的伤害中恢复过来。参与者学习宽恕，我们的研究团队则测量宽恕训练的有效性，训练课程刚结束时会测量，之后还会跟踪测量长达四个半月的时间。参加过宽恕训练的人们变得不那么痛苦、紧张和愤怒了，而且更宽容和乐观了，甚至他们的身体情况也有了一定的改善。

在本书中，我将选取宽恕训练的基本要素，形成一套方案，它对许多人来说是极有价值的。我在工作中听到过数不清的痛苦和受到虐待的故事，而我在这里提供的技巧，可以帮助你减少痛苦和愤怒的感觉。我的宽恕训练表明，现在的宽恕可以帮助你降低将来受到伤害的程度。

1996年，当我在人际宽恕训练方面开始第一个研究项目时，我刚刚获得咨询心理学和健康心理学的博士学位。我很高兴能够获得这样一个机会，去对宽恕方法进行科学的测试，我曾经用这些方法自救，偶尔也帮助过他人。当时，该领域内只出版过四本专著，最早的一本出现在1993年。将宽恕训练和科学方法（显示哪种技能可以起到实际作用）

结合起来,这是一个新兴的领域,而我则是开拓者之一。在教学的过程中,我不断地提炼我的方案,直至找到该领域内最强大的宽恕训练方法为止。这种宽恕的方法也首次向所有人公开。

让不满这架"飞机"在脑海里盘旋多年,我知道是种什么样的感受。在我和无数其他人的生活中,我曾目睹了内心宁静的益处。当我们让不满这架"飞机"着陆时,宁静便会到来。因此,正在探索的朋友们,如果你希望学会宽恕——为了你的健康,为了提升你的人际关系状况,为了世界变得更好,那么请与我一道,继续读下去吧。

第一部分
为何你总是不满

感谢你与我一道踏上旅程,
让我们通过宽恕走向幸福吧。

part one

第 1 章

满腹失望

> 即使在可怕的精神和身体压力下,人也可以保持一丝精神的自由和思想的独立。
>
> ——维克多·弗兰克尔(Viktor Frankl)《活出生命的意义》

感谢你与我一道踏上旅程,让我们通过宽恕走向幸福吧。我们将会一起看到:不满是如何形成的,该如何去宽恕,以及如何赋予过去的事情以意义。请记住,我所教的这套宽恕方案已经被四项细致的调查研究证明是有效的。在这些研究中,受过大大小小伤害的人们都在身体和情绪健康方面有了积极的变化。我有无数的证据可以表明,宽恕如何改变了人们的生活,我将与你分享许多这样的故事。我坚信,当你学习并实践我所教的这些方法时,你也可以学会宽恕。

为了理解宽恕的过程,让我们先来看看不满是如何产生的。在前几章中,我将解释不满是如何形成的,考察不满的各种组成部分是如何让生活变得艰难的,帮助你做些测试,看看你是否已经被不满控制了。我注意到,当人们理解了不满的形成过程,他们就准备好去治愈自己了。

不满是如何形成的

当下面两种情况同时发生时,不满便出现了。第一,在生活中,我们不希望发生的事情发生了；第二，我们在对待这类事情时想得太多，或者按照我的说法，我们对这类事情耿耿于怀。在这一章中，我将会就这两点做出解释，告诉你它们是如何发生的。

当某人伤害了你或让你失望，你感到痛苦，这时最大的困难便是如何保持内心的平静。要明白这一点，另一个方法是问问自己：我们受到了伤害，如何才能不以郁郁寡欢收场呢？我们每个人在生活中的某个时刻都会受到伤害或不公平的对待，但是有些人比其他人适应得更好一些。有些人长时间地谈论他们的创伤，而有些人则顺其自然。如果你放不下伤害你的事情，那么这本书就是为你而写的。

当我们受到不公平的对待时，要恢复宁静的心态是不容易的。每个人在面对伤害、背叛、欺骗或谎言时，内心或多或少都会出现挣扎。在五花八门的创伤中，核心的问题只是一个简单事实，即：不满产生了——因为我们真正希望发生的事情没有发生。

尽管听上去有些重复，我还是要强调一下这个论点的重要性。不满或怨恨的产生，核心问题在于我们不希望发生的事情发生了。或者说，我们真正希望发生的事没有发生。无论是哪种情形，当我们的一部分生活完全不同于我们的期望时，不满便产生了。在面对意料之外的事情时，我们缺乏管控情绪的技巧。我在这里可以举两个例子。

丹娜（Dana）是硅谷一家大型软件公司的业务经理。她已经为这家公司工作了差不多十年时间，事业很成功。她常常在公司待到很晚，长时间地辛勤工作，挤占了她陪自己两个孩子的珍贵时光。最近，她失去了一次升职机会。丹娜被告知，她的工作表现很好，但是公司制定了一项新政策，要从外面雇用一些业务经理。然而，即使是这样的说辞也让她狂怒不已，她对自己未能得到升职大为不满，四处诉说自己如何不断地献身工作，以致损害了健康。

当我见到她时，她痛苦地抱怨自己的老板，抱怨生活的不公，抱怨她在办公室里浪费了时光。她明确地指出，公司亏欠了她这次升职机会，她未得到升迁是不公平的。丹娜现在开始重新评价她在公司中度过的十年光阴，发现了她先前忽略的一些冷遇。她倾诉的是自己多年来的不公平待遇，而不仅仅是失去了这次晋升机会。我看到的是这样一个女人：她失去了一次升职机会，她觉得这是公司欠她的，她的反应是她巨大的不满。

迈克（Mike）在一家处于起步阶段的互联网公司上班。他全天候地工作，那里的每一个人也都全天候地工作。在这种企业文化中，为了确保公司的成功，无论公司需要雇员们做什么，他们都得做，这是普遍的现象。迈克最初是被雇来帮助做网页设计的，因为他喜欢这项工作，所以每周工作70个小时并没有让他苦恼。然而随着公司的成长，经理们雇用了更多的网页设计师，他们发现他们开始需要技术文章写作者，于是迈克被要求去从事这项工作。迈克的工作内容变得无聊起来了，尽管他擅长写作科技文章，但是他并不喜欢。他想做个设计者，现在他开始向每个人抱怨他的工作是浪费时间。

当迈克来参加我的宽恕课程时，他满腹的牢骚和痛苦。他把大把的时间和精力投入到了公司，他没打算过离开它，因为如果这家公司上市的话，他就有机会挣上一大笔钱。迈克觉得自己被一项他并不喜欢的工作困住了。他抱怨说，他被骗离了他喜欢的工作领域，被迫从事他厌恶的事情。

丹娜和迈克都得面对失望。丹娜没有获得晋升，这是一个未能如愿以偿的绝佳案例。迈克必须得从事他不喜欢的工作，这是一个偿非所愿的例子。无论哪种方式，问题都是同样的。

丹娜和迈克的故事表明，面对事与愿违是多么困难。然而，我们不仅仅在工作中需要努力去达成和解。事与愿违在许多情况下都会发生，有时情形是荒谬的，有时则是可怕的，各不相同。看看下面这些故事，其中有一些对你来说是不是很真实：

- 上班时你把车开进停车场，发现别人占了你的停车位，结果你不得不把车停到停车场的另一端。你没有得到你想要的停车位。
- 你的合作者宣布要中止与你的合作关系，而你还想继续合作下去。你被要求离开。你没有得到你渴望的长期关系。
- 你进了离家最近的一家超市，你正在生病的孩子要吃的那一种麦片却没货了。你不得不驾车穿过城市去另一家商店，路上却堵得厉害。你照顾生病的孩子的时间减少了。
- 你的朋友因为新交了一位恋人，连续三个晚上取消了与你的聚会，结果你未能见到他（她），整晚都感到孤独。你的朋友未能如你所期望的那样对待你。
- 你的商业合作伙伴离开了，甚至没有通知一声或留下转寄地址，留下你一个人打理业务，负担债务。你的经济前景恶化了。
- 你的母亲是个自恋的人，未能给予你充分的关爱。在你成长的过程中，她更关注自己的需要而不是你的。当你自己成家时，你可能不擅长与家人建立满意的关系，很可能得自己学习去如何为人父母。
- 你去看医生，希望她能帮助你解决医学问题，但是她太忙了，不能充分回答你的问题。你离开时感到这次见面过于匆忙，医生未能倾听你的问题。你可能得上网搜索或者再给医生打电话，才能得到你需要的答案。
- 在放学回家的路上，你的女儿被一个酒驾司机严重地撞伤了。你不能保护自己孩子的健康。

- 你的配偶有天晚上没回家，你知道她或他是和以前的恋人在一起。你未能建立一种爱情关系，让你的伴侣保持忠诚。
- 你父母中的一位回家时总是喝得大醉。你常常感到担惊受怕，知道这样的父母是不值得信任的。当你成人时，你明白了你从未得到过一个孩子理应得到的父母的养育，你仍然指望在你父母之外的人身上得到情感支持。

以上每一种情形中，当事情未能如我们希望的那样发展，而我们又缺乏应对的技巧时，不满就会形成。这些情形是很广泛的，从琐碎的事比如停车位被占，到严重的事比如有个酗酒的父母亲。当我们能很好地去看待我们的经历时，不满是可以避免的；而当我们处理不善，结果通常是产生不满情绪。

我还给那些有过极端恐怖经历的人传授过宽恕技能——他们的孩子被人谋杀了。我曾见到过有的父母，孩子因过失死亡已经20年了，他们一想起来依然痛哭流涕。这些人里，有人还在试图搞明白这类悲剧的意义，当然他们失败了。不论这类悲剧是大是小，每个经历者都面临着一个挑战——在失去了一些珍贵的东西之后，如何获得内心的安宁。

我见到的大多数人都努力去接受一个事实，即生活并不总是公平的。我也目睹过有人在经受不必要的煎熬，因为他们没有认识到，接受这一事实是生活中不可避免的一项任务。当某个痛苦的人生经历出现时，人们通常的反应是沮丧或暴怒。他们可能会坚持他们最初的反应，因为他们不明白一点——具体发生了什么并不重要，重要的是如何应对他们的反应。当我们谈到背叛、欺骗或伤害时，很难不在五味杂陈的情绪中额外加入震怒的成分。

例如，丹娜抱怨公司的不是，让她没有得到晋升这件事变得更糟了。听她的讲述，你会觉得她前十年的光阴全都白费了。由于她关注的只是失望，她就把她从工作中获得的满足感抛开了；如果是在以前，她可能会反过来把精力放在如何更好地解决问题上。像丹娜一样，许多人在处理生活中的痛苦遭遇时都很笨拙，他们人为地制造并维持着长期的不满。结果，他们只能满腹伤痛。

当人们无法成功地去应对得非所愿的情形，然后满脑子都在抱怨不公平时，不满便形成了。这就是我们产生不满的过程，甚至当失望非常严重和可怕时也是如此，比如失去了一个所爱的人。当我们在超市里排队结账，需要多等一会儿时，或者当我们已经快来不及赴约了，还要在拥堵的车流里挣扎时，或者当我们努力想要弄明白某个偶然的暴力行为是怎么回事时，我们都会抱怨不公平，都会经历同样的不满过程。

耿耿于怀

当我第一次遇到莎琳（Charlene）时，她不停地诉说她与前夫在一起时的恐怖生活。她以一种轻蔑、快速的语调讲了前夫是如何经常骗她的。他的外遇成了她的主要话题。一听到别人在谈论谁麻木不仁或没有爱心，她就侧耳聆听，抓住机会插话，诉说她的前夫是多么可怕。

听她的谈论，你会觉得她的前夫昨天才抛弃了她，但实际上这已经是五年前的事了。在莎琳看来，前夫的做法是错误的——这便是她的故事的结局。而在我看来，她的前夫错了，这是一个宽恕故事的开端。

莎琳可能不会再与前夫复婚了，但是她心中最好的位置还是由他占据着。他们仍然以这样一种重要的方式共存着。实际上，我怀疑即使是他们结婚时，她也不会这样频繁念叨他。

你像莎琳一样吗？你反复诉说发生在你身上的事吗？一天之中，你的内心多次沉溺于不满之中？你的朋友和家人中有这样的人吗？你花费太多的时间去思考过去的事情，是否已经厌倦了？你老听别人重复他们的故事，是否已经厌倦了？

如果你把你的大脑看成是自己的房子的话，我可以教你拿出多少空间去存放你的创伤和不满。你是业主，你掌握着租赁权。我们每一个人都可以决定谁可以成为我们的租客，以及租赁的条件。我们希望给我们的创伤和不满提供什么样的住宿条件呢？

我们可以把主卧留给不满，并且在里面给它们装一个热水浴缸。我们可以给它们提供一份很好的租约，条款极佳，永不过期，或者我们仅仅给它们提供一份日租合约。我们可以让它们把东西散放到所有的房间里，或者我们只是在房子后面给它们限定一个小房间。换句话说，我们需要问问：我们花费多少时间纠缠于痛苦和失望？而且，当我们在思考它们时，它们有多强烈？

这些问题的答案决定了一个创伤或不满将会给你带来多大的困难。当你对某事耿耿于怀时，你就会产生不满。当你像迈克一样，必须去做你不想做的工作，对此事纠缠不休，你就萌生了不满。迈克不必把注意力集中在他对工作的厌恶上。相反，他可以关注一下当公司上市时，他到底有多大可能性大挣一笔。当迈克没有得到他想要的东西时，他不知道该如何去处理，因此他在这种无能之中萌生了不满。

坏的事情发生了，但并不意味着你必须纠缠于此。正因为如此，我常常问人们，他们为什么不把精力从思考坏运气转移到思考好运气上来。这个问题总是让他们吃惊。他们很少把感激好运气与沉溺于坏运气看作是同一个选择。这些人似乎更善于发现问题而非幸福，你是他们中的一员吗？你或者你认识的人会更多地纠缠于坏事而非好事吗？

我们脑海里上演的东西就像是电视画面，我们是可以用遥控器控制的。我们可以观看恐怖电影频道、性爱频道、肥皂剧频道和不满频道，也可以观看表现自然之美和人性之善的频道。任何人都可以换到不满频道，或者选择切换到宽恕频道。问问你自己吧，今天我的大脑里上演的是什么？你的遥控器有没有切换到能帮助你感觉良好的频道上？

如果你还记得我们在引言中谈过的空中交通管制屏幕的话，你的不满就是那些永不着陆的飞机。它们占满了你的屏幕，占据了你的大脑，最重要的一点是，它们让你很难去感激生活中精彩的事情。不满导致的意料之外的损害，是让我们错过了生活中的美。我们一次只看一个电视频道，我们经常锁定哪个频道会成为一个习惯。

当丹娜的注意力集中在她未能得到升职一事上时，我们想象一下她错过了生活中多少有意义的事吧。她拥有健康，在生命中有人爱她，你认为她知道自己有多幸运吗？

我看到，很多人注意不到他们所爱的人，或者不能对所爱的人心存感激，因为他们要么是在考虑伤害过他们的人，要么是在为他们的损失而感到难过，这让我觉得可悲。需要阐明的是，我并不是说要无视生活中的问题，或者否认有人曾伤害过你；我想说的是，在一件痛苦的事情上倾注太多的注意力会让痛苦更为剧烈，而且会形成一种很难破除的习惯。我想要说的是，你不必无休止地纠缠于生活中痛苦的事情。沉湎于创伤之中，会让你被它们牢牢控制。你所记住或关注的事情是可以转换的，就像你可以去切换电视频道一样。如果我们习惯于观看不满频道，我们很可能看到的是世界上充满了种种不满；但是如果我们习惯于观看宽恕频道，世界将开始呈现出不同的景观。

你有不满吗？

在继续探讨之前，让我们来检查一下：在你的生活中，是否有某种情形已经变成了不满。现在,请回顾一下你人际关系中所留下的某个创伤。这样我们就可以知道,这个创伤现在如何影响着你。闭上你的眼睛,用几分钟回想一下那个痛苦的经历吧。

当你搞清楚发生了什么事时,给那次经历做个小结,或者把小结写下来。在纸上或者在你的脑海里将发生过的事再过一遍。

现在,当你今天再想起那个情境时,看看你感受如何。比如说,对于发生过的这件事,看看你现在最平常的想法是什么。然后考虑一下,当你想到那个问题时,你有怎样的感受。最后,想想当你在回顾那件痛苦的事时,你的身体有什么样的反应。

在你花时间思考之后,请回答下面的问题:

1. 你思考这件痛苦的事,是不是多于你思考生活中美好的事?
2. 当你想到这个痛苦的情形时,你的身体或情绪是不是变得不舒服?
3. 当你想到这个情形时,你是不是还以和过去同样的想法在思考它?
4. 你是不是发现,你在脑海里一遍遍地回想这件发生过的事?

对于上面四个问题中的任意一个,如果你的回答是"是",那么你可能就形成了不满,这种不满已经让你耿耿于怀了。但是,这种"不满"是可以治愈的。你选择阅读本书是正确的,你可以因此学会宽恕。如果你对其中任意一个问题回答了"是",那么请你继续读下去,去发现你起初是如何形成不满的吧。

请记住,任何不满形成的基础,都是痛苦的事情曾在你身上发生,而你当时还没有技巧去管控你的情感痛苦。然后,就像丹娜没有得到升职却又认为自己有权利得到一样,你耿耿于怀——瞧,你的不满就是这样形成的。通过这种方式,你让坏的情形变得更糟糕了。在接下来的三章中,我将详细描述这种方式到底是如何发生的。

第 2 章

对待事情太过情绪化

> 医生不会因一个疯癫病人的放纵行为而生气,他也不会因一个发烧者的抱怨而见怪。智者就应该像医生对待他的病人一样对待全人类,把他们看作是有病的、放纵的。
>
> ——塞涅卡(Seneca)

在第 1 章中,丹娜、莎琳和迈克都试图了解,长期困扰他们的怨恨、痛苦和愤怒是如何形成的。他们努力想要搞明白,为什么他们最终都陷入痛苦和愤怒之中不能自拔。我想,你们有许多人受到他人伤害时,也想知道为什么伤痛会如此之深吧。或者,你也许认识这样的人,他们无法从痛苦和伤害中恢复过来。

我们都见到过,有的人以抱怨和不满来面对痛苦的境遇,而其他人则不是这样。我们每个人都知道,有的人就是不会为一些事情所困扰。有的人能够适应困难,而其他人则会陷入困境数年之久。

你们中有些人心怀怨恨,可能会猜测自己之所以感觉不好,是因为其他人没有碰到像你们一样的烦恼。而别的人则可能会认为,他们受苦更多是因为他们常常沉湎于过去。人们经常想搞明白,他们感到烦恼,是不是因为他们所受的伤害要比其他人严重。或者,他们得出结论说,他们感到如此痛苦,是因为他们比别人更为敏感。

尽管这些假设每个都有价值，但是我想可以肯定的是，不满的形成遵循着一个简单的过程，其中包含三个步骤。这个过程是清楚的、容易理解的，在每一个案例中都是可以预见到的。要形成一种困扰你生活的不满，你必然会经历如下三个步骤：

- 对待别人的冒犯太过情绪化。
- 将你的感受归罪于冒犯者。
- 构想出一个不满故事。

我想澄清的是，心生不满并不标志着你有精神疾病。感到受伤也并不标志着软弱、愚蠢或缺乏自尊心。它常常只是意味着，我们在如何应对不同寻常的事情方面缺乏训练。在我们所有的人生经验中，感到受伤是一种正常的也是困难的体验，几乎每个人在某些时候都会生出不满情绪。

但是，虽然不满普遍存在，却并不意味着它们就是健康的。尽管受到伤害时的普遍反应是心生不满，但是对于痛苦的人生遭遇，以不同的方式去应对它们将会减轻痛苦。通过宽恕训练，莎琳不再多想她的丈夫，并且感到能够抚平自己的创伤了。通过宽恕，你也可以治愈已存在的痛苦。你也可以认识到你滋生不满的方式，从而在将来的生活中限制不满的产生。

学会更巧妙地应对痛苦、创伤和失望，并不会防止生活中的一些事情出错。人们可能还是不善良，一些随机的事情还是会伤害到你。世界充满了痛苦与困难，不会因为你已经学会更好地适应这些问题，就意味着它们消失了。然而，变化的是你不再对它们耿耿于怀了，你感觉自己的愤怒、无望和绝望少了。这一点强调得再多也不为过：生活可能并不完美，但是你可以学着去少受一些苦。你可以学着去宽恕，学着去抚平创伤。

愤怒要适得其所

即使你接受过这个世界上所有的宽恕训练，有些时候你仍然会觉得愤怒是有用的，甚至是必要的。他人可能会打破我们的个人界限，让我们因此处于危险之中，或者我们受到了不公平的待遇。然而，只有在相当有限的一些情境下，发怒才是最佳的反应。只有当愤怒能解决问题时，它才是有用的。

比如，当有人威胁你的孩子时，对他发火可能是保护你的孩子的唯一方式。如果家庭成员中有人行为粗暴，你需要让他们知道，他们的行为是不可接受的。但另一方面，你因为你母亲三年前说过一些不中听的话而生气，既对你无益，也解决不了你与母亲之间的困境。在高速公路上，你因为交通堵塞导致上班迟到而生气，这也是无用的。

很少有情况需要你长期生气。我想说明的是，一旦某个情境事过境迁，无论是长期地保持愤怒情绪还是把愤怒表达出来，都很少会有好的结果。对于生活中的困难来说，发怒可能是一个很好的短期解决办法，但在面对痛苦遭遇时，它很少是一个好的长期解决办法。生气只是提醒我们，我们有需要解决的问题。尽管如此，我们还是常常生气，而不是采取建设性的行动，或者我们生气，是因为我们不知道还有什么别的反应方式。

我的论点是，长期的愤怒或者我们所说的不满，几乎从来都是无用的。我在后面的章节中还要指出，不满会导致挫折、无望，会损害人际关系和健康。

既然我已经提醒过你，愤怒本身并不是不好的，而且也区分了有用的和有害的愤怒表达方式，现在让我们探讨一下不满形成的第一个步骤吧。当某件你不希望发生的事情发生了，而你又太过情绪化地对待它时，这第一步便出现了。你情绪化地去对待某个痛苦的人生经历，比如朋友的背叛、商业伙伴的欺骗，或者亲属的谎言，从而失去了将你的痛苦或愤怒情绪转化为帮助你成长的机会。

情绪化 vs 非情绪化

所有痛苦的人生遭遇都兼具个人化和非个人化的一面。玛丽琳（Marilyn）的故事可以帮助我们区分遭遇的个人化和非个人化，告诉我们只专注于个人化的一面是如何滋生不满的。

玛丽琳是个50岁出头的女人，她陷于消沉和自卑的情绪难以自拔。她将自己的情绪问题追溯至她的成长阶段。她是父母唯一的孩子，而父母则陷于无爱的婚姻中，她由冷漠的、心事重重的母亲抚养成人。她能感受到父亲的爱，但是他很少在家，因为他在军队里服役，经常随军队转移。她记得放学回家时的感受，知道家中没有人等着她、给她关爱，即便40年之后，她也很容易重温那种感受。

玛丽琳向她的丈夫和朋友们抱怨，她的母亲不够爱她。她在成长的过程中没有安全感。她倾诉说，自己交朋友是多么困难，并将此追溯到她童年时期被忽视的经历。玛丽琳至今依然对她的损失感到愤怒和悲伤。她的母亲现在已经80多岁了，玛丽琳还希望在母亲离世之前，能从她那里得到自己丧失的爱。玛丽琳还生她母亲的气，既因为她小时候母亲没有给予她关爱，也因为母亲现在仍然没有能够爱她。她期待的是只有父母才能给予的那种爱。

尽管玛丽琳已经52岁了，她还在情绪化地对待自己被母亲忽视这件事，一直处于痛苦之中。40年来，玛丽琳都在遭受这个创伤的折磨。她对待这种忽视是情绪化的，因为她仍然想要得到母亲的爱，而她的孩子和丈夫给予她的爱则常常被她忽视了；她对待这种忽视是情绪化的，因为她感觉只有自己才缺少母爱，并且对自己的孤独耿耿于怀。此外，她所感知到的冒犯也是情绪化的，因为认识玛丽琳的人都知道，她在描述自己时，中心话题都是她受到虐待的故事。

玛丽琳的做法使得她的辛酸经历变得更困难了，这对我们是有启发性的，因为她长期地反复构想她受到不公平的对待。对玛丽琳来说，每次当她情绪化地回想起母亲的行为时，她的创伤经历都要重演一遍。这是因为每个痛苦的人生经历都有其个人化和非个人化的层面，玛丽琳没有学会发现其中的非个人化的层面。她没有平衡好自己情绪化和非情绪化的关系，这导致她萌生了不满情绪。

在玛丽琳的案例中，个人化的层面指的是玛丽琳的母亲没有给予她想要的爱。此外，母亲还没有给予她渴求的关怀。这发生在玛丽琳身上，而不是其他任何人身上。当某件痛苦的事情成为我们生活的一部分，比如碰到了母亲对我们漠不关心时，我们的第一反应是喊出一声"唉哟"，因为这种伤害是个人性的。碰到没有爱心的父母是够伤人的，玛丽琳或任何孩子都应该得到关爱。而且，孩子被父母忽视，孩子对此并没有责任。对孩子来说，父母的虐待或忽视是一种痛苦经验，很难去克服，我希望每个孩子都有福气遇到爱心满满的父母。然而，玛丽琳就像很多其他不够幸运的孩子一样，没能遇到她所希望的、有爱心的父母，就此而言，她没有得到她想要的东西。

在童年时期，玛丽琳情绪化地对待缺乏爱心的母亲，这是很自然的事。不幸的是，当她长大成人后，她还继续这样做。当某件痛苦的事情发生在别人身上时，我们是可以体验到那种不幸的非个人化特征的，我们很少会感到个人化的痛苦。每天，当我们读报纸或看电视时，我们能了解到许多人经历了悲剧和苦难。朋友们也会告诉我们，他们或他们的家人所面对的困难。在每个国家的每座城市里，都有人在医院和疗养院里遭受折磨，没有人关心他们。在美国，每年都有成千上万的人被谋杀，无数人被酒驾司机致死或致残。在我们国家的每个角落，每天都有强奸、谋杀、自然灾难、抢劫、欺骗、谎言和不忠发生。

我们不会情绪化地感受每一个悲剧。我们必定更在意其中的一些悲剧。我们会忽视或不太关心另一些悲剧。这一事实表明：我们知道，我们不可能去应对世界上所有的苦难。我们知道到处都有非个人化的伤害发生。

当我们受到拒绝、虐待和侮辱时，我们面对的挑战是要非情绪化地看待这些伤害。我们不要觉得自己的苦难是独一无二的，而是要记住别人也会碰到没有爱心或失职的父母，这意味着我们自己的苦难不仅仅是一个人的。不幸的是，玛丽琳没有看到，还有其他人与自己的遭遇类似，他们也没有得到他们渴求的爱。她很少去思考其他人也像她一样受过伤害。她没有看到，碰到失职的父母并且受到伤害，二者都是很常见的。如果玛丽琳能看到这一点的话，她就会发现自己遭遇的非个人化的一面。

如果玛丽琳能够以这种方式转移她的注意力，她就能减少自己受苦的时间，也就不会形成一种长期存在的不满了。玛丽琳表现得就像她母亲是在故意伤害她似的，因为她感到如此痛苦。玛丽琳的不满是痛苦的、长期存在的，其产生的一个直接原因是，她未能理解她的创伤的非个人化的一面。

发现创伤非个人化的一面

对玛丽琳来说，正如对我们每个人来说一样，有两种方式可以发现创伤的非个人化的一面。最容易的方式是要意识到每种痛苦经历都是常见的。生活中的一个事实是，你所遇到的事不是独一无二的。如果你提醒自己，你只是社区里被盗的 200 户人家中的一个，你就很难再把被盗这件事看成是个人化的。只要仔细观察，我们总能发现至少有 10 个人会以相同的方式受到伤害。美国大量存在的、各式各样的互助小组证实了这一点。我们的遭遇是多么寻常，记住这一事实会让我们的创伤看上去无足轻重，但是为了大大地减少我们遭受的痛苦，这样的冒险也是值得的。

记住这一点常常是有用的：有数不清的人因为被朋友和家人忽视而成为孤独的人。渴望从冷漠、疏远的父母那里得到爱，玛丽琳不是第一个，也不是最后一个这样的人。就你受到伤害的方式来说，你既不是第一个也不是最后一个人。

发现创伤非个人化的一面的第二种方式，是要理解大多数的冒犯并没有故意伤害的意图。玛丽琳的母亲并不想毁掉她孩子的生活。玛丽琳的母亲不爱玛丽琳，原因是多方面的。她在很年轻的时候，为了逃避她父亲的谩骂，就托身于一场无爱的婚姻中。她的丈夫经常转徙各地，这使得结交朋友成为一件困难的事。她还患有关节炎，经常疼痛难忍。此外，玛丽琳的父亲十分宠爱玛丽琳，这也让她的母亲感到嫉妒。

许多让我们感到痛苦的冒犯并不是专门想要伤害我们的。有些冒犯是有意的，但这种情形较为少见。玛丽琳的母亲不是故意想伤害她的女儿，探讨其中的原因并不是为她的行为开脱。指出我们所受到的许多冒犯有着非个人化的一面，并不是要否定使我们受到损失、被忽视的痛苦。玛丽琳需要认清她母亲做了什么、没做什么。她理解自己生活中一些困难的根源，并将其追溯至她所受的家庭教养，在这方面她做得是不错的。

然而，如果玛丽琳能从母亲的行为中吸取教训，不再重复她母亲的错误的话，她就能因此获益了。当我见到玛丽琳时，她还在重复她母亲的行为：冷漠地对待她自己的孩子。她是如此的痛苦和孤独，以致她常常沉浸于自己的损失之中，不能付出任何爱或温暖。玛丽琳也不是有意要伤害她的孩子，但是我猜测，她也给自己的孩子们带去了很多痛苦。

每个冒犯都包含着个人化的一面和非个人化的一面。每个伤害都是发生在某个特定个体身上的。玛丽琳就是那个需要承受她母亲忽视的人。如果你的配偶离开了你，你就得独自创造一种新的生活。即使冒犯的对象是一个群体，群体里的每个人也都得以个人的方式对此做出反应。同时，每个个人化的伤害也可以被看作仅仅是某种共同经验的一个例子。某人很可能伤害了我们中的一个人，不管他（她）是父母、姻亲、生意伙伴或是陌生人。如果你问问你的朋友或家人，他们中的每个人很可能都受到过伤害。受到伤害是一件平常的事。即使最无情的冒犯，比如受到父母的虐待，也都是寻常的人生体验，尽管它们是令人痛苦的。

当我们不能认识到伤痛的非个人化的一面时，我们就为不满的产生创造了条件。我们只专注于自己所体验到的痛苦情绪，忽视了伤害的普遍性以及伤害事件的频发性。我们太情绪化地对待不公正行为，因此伤痛就萦绕不散，不满便形成了。

玛丽琳坚称，她父母的忽视毁掉了她的生活，对她来说，这是非常情绪化的反应。对于一个研究父母不尽职行为的社会学家而言，玛丽琳可能只是3000名被研究女性中的一员。社会学家将会看到，有的女性能够克服她们成长过程中的不利条件，而有的女性则终生为此挣扎。社会学家会把父母的不尽职行为当作一个有趣的研究对象，这种视角与玛丽琳的大为不同。从社会学家的角度来看，玛丽琳的经历是典型的，但不是特别的。

社会学家会把玛丽琳的伤痛看作是非个人化的；在玛丽琳看来，她的伤痛则是个人化的。两个视角都是有根据的。每个视角代表了看待同一情况的不同方式。当人们能够从这两个视角看待伤痛时，他们就可以很好地去应对伤害。当你从只专注于个人痛苦转而看到其中的非个人化的一面时，你会发现，你所受到的特定伤害不必然会让你成为心灵扭曲的人。

我必须提醒的是，人们也有可能过多地关注伤痛的非个人化的一面。我看到的这种情形要少得多，但是它也有其危害性。当我们只看到某个痛苦事件的非个人化的一面时，这种方式通常被称为拒绝的态度。当我们说痛苦的事情是微不足道的或者伤害者是不明事理的，我们就把伤害的逻辑性降到了最低。当我们去回应处于痛苦中的其他人时，我们应该试图发现伤害的个人化的一面，从而能够提供理解和支持。

当我们对发生在自己或其他人身上的事情做出反应时，我们希望能够理解那种痛苦，但不要一直身陷其中。面对别人遭受的痛苦时，这么做可能要容易一些，但其实如此面对你自己的痛苦，也是可能的。我相信，当我们能够理解已经发生的伤害时，我们可以很好地从伤害之中恢复过来。同时，我希望我们每一个人都可以宣称，发生的事并不是独一无二的灾难，而是一个新的故事——宽恕和康复的开始。

对待事情少情绪化一些，并不意味着我们必须"喜欢"我们的遭遇。玛丽琳不必因为父母疏于照管是常见的，就为她母亲的行为辩解。也不必因为她的母亲也处于痛苦之中，就为她的母亲开脱。不必因为理解父母的忽视是一个困难而普遍的问题，是我们都需要去面对的，从而就无视她自己的痛苦。也就是说，当她看到伤痛的非个人化的一面时，她没有必要去否认其个人化一面的影响。因为伤痛的个人化和非个人化这两方面是同时存在的。

玛丽琳专注于她个人化的痛苦，感到终生都受到了母亲的伤害，受到了特别的虐待。玛丽琳从她困难的生活经历中，产生了一种长期存在的不满。专注于伤害个人化的一面，是萌生不满的第一步。就玛丽琳冷漠、失职的母亲对待她的方式而言，因为她忽视了其中的非个人化的一面，所以她在40年后仍然要遭受痛苦。

当特定的伤害已经过去很久了，而我们仍然感到愤怒时，我们便知道我们过于关注其个人化的一面了。当我们太情绪化地对待某个伤害时，我们的身体便会因为压力而释放出化学物质，以应对我们所感知到的危险。这些化学物质会促生"战斗还是逃走"的心理反应，会让我们在身体和精神上都感到不适。当特定的伤害已经过去很久了，而我们仍然能感受到这种不适时，这便是一个确信无疑的标志，说明我们对待事情太过情绪化了。

在下一章中，我将详细描述过于情绪化地对待事情是如何伤害我们的身体和情感的。过于情绪化地对待事情以致我们的健康也受到损害，这是不满产生过程的第二步。当我们将自己的感受归罪于冒犯者，并让一种不好的情形变得更糟时，我们便损害了自身的健康。

第 3 章

责怪他人

> 是环境凸显了人的品性。因此,当某个困境降临时,你应该记住:上帝像一个摔跤教练一样,要把你训练成一个坚强的年轻人。为了什么目的呢?你可能会问。为了你可以成为奥运赛场上的征服者;但是不经过汗水,这是不会实现的……如果你像一个运动员对付年轻的敌手一样,选择利用你的困境,那么困境对你来说将会比对任何人都要更为有益。
>
> ——爱比克泰德(Epictetus)

在前两章中,我说明了不满过程是如何开始的:当我们不喜欢的事情发生时,只要我们对那个伤害耿耿于怀,它就会一直存在下去。当我们对待事情太过情绪化时,就像第 2 章中的玛丽琳那样丧失更大的视野,潜在的不满便会产生。即便如此,如果玛丽琳只是过于情绪化地对待母亲的行为,却能继续前行的话,那么伤害也会降到最低。但是,她所做的远远不止于此。终其一生,玛丽琳遇到各种各样的困难时,都会怪罪她的母亲。

在与男人建立良好的两性关系方面,玛丽琳遇到了困难——这是她母亲的过错。玛丽琳没有上完学,因此从事的是低端的工作,她觉得不能发挥自己的能力——这是她母亲的过错。当玛丽琳结婚了,开始组建她自己的家庭，她的丈夫抱怨她缺乏做家长的能力——这是她母亲的过错。玛丽琳在一生中大部分的时间里都患有轻度抑郁——这是她母亲的过错。玛丽琳多年来都在控制自己的肥胖——这也是她母亲的过错。玛丽琳已经52岁了，她还将自己的问题归罪于母亲和她的童年时代。

我承认，玛丽琳所面对的许多困难都是合理的。在玛丽琳面对的困难中，有她母亲的责任，这也是毫无疑问的。如果玛丽琳有一个爱她、支持她的母亲，她就更有可能过上成功的生活，不太可能遭受长期的抑郁之苦，这是肯定的。我不赞同的是，玛丽琳怪罪母亲的地方太多了。玛丽琳不知道责怪是有害的，它既会损害她的身体健康，也会损害她与别人的关系。

玛丽琳在解释她所有的现实问题时，都将其追溯到她的童年时代和她情感上不健全的母亲。她追溯过去，以期对现实有所帮助。她在自身之外去寻求解决之道，以解决她所单独面对的问题。她未能看到，无论过去发生了什么，现在该对她的人生负责任的都是她自己。玛丽琳深陷于不满产生过程的第二阶段之中，我们把这个阶段称为"责怪他人"。

在不满产生的过程中，当我们太过情绪化地对待事情时，随后便进入了这第二个阶段。还记得我们在第1章里提到过的丹娜吧？她对自己未能得到晋升耿耿于怀，尽管公司已经告知她，他们打算从外面雇人。丹娜将未能得到晋升看成是一次针对她个人的冒犯，尽管她已经被明确告知，她的工作表现是优异的。因为丹娜太情绪化地对待未能晋升一事，她感到难过和愤怒。

丹娜也进入了"责怪他人"的阶段，这让事情变得更糟了。她责怪公司老板欺骗了她，她责怪公司让她误入歧途，她将自己的胃病怪罪于她在工作中受到的羞辱和拒绝，她责怪雇主给她的生活带来了压力和挣扎。

当我们开始难过,并扪心自问"这是谁的过错",然后坚持认为我们受苦的原因在于别人时,我们就进入了不满产生过程的第二阶段。我们责怪他人,将我们的麻烦归罪于别人。这便产生了一个问题:因为当我们觉得伤害的原因存在于我们之外时,我们也就在自身之外寻求解决之道了。

当我们追问为什么我们感觉不好时,我们会做出的一个假设便是责怪他人。当人们过去受到了伤害,现在仍然感到痛苦时,他们会寻找原因去解释他们的痛苦。他们通常选择的假设是责怪他人。假设是一种猜测,是当答案并不清楚时,人们所提供的一个答案。当你要买一套房子,想知道你的月供是多少时,你会寻找答案。答案会具体到多少元多少分。当一个房地产代理手边没有计算器时,她可能会给你提供一个大致的猜测或假设,但是具体的答案是容易得出的。

可是,和内心有关的事情难以得出精确的答案。你永远也不会确切地知道,为什么另一个人的行为如此残忍。你永远也无法确切地知道,为什么你感到愤怒或烦恼。你永远也无法知道其他人的想法。对于伤害了你的人来说,他(她)身上所发生的每件痛苦事情,你也并不知情。你不会知道,这个人所做出的行为是否有意要伤害你。你不会知道,过去发生的事情中哪一件实际上影响了你今天的感受。

你只能感受到你的伤痛,并就你的痛苦给出一个假设。有些人将不幸归罪于自己的星座,或者归于自己可能受到了诅咒。其他人则将他们的苦难归罪于伤害过他们的人。我知道有人还将一切都归罪于他们所做出的愚蠢的决定。在解释事情现在的局面时,并没有什么唯一正确的方式。

责怪他人是如何进行的

艾伦（Alan）是个 35 岁的男人，他发现自己的妻子有了外遇。他们结婚已经 6 年了，艾伦曾认为他们的婚姻坚不可摧。当他发现妻子伊莱恩（Elaine）在欺骗他时，艾伦怒火中烧，想要离婚。

艾伦反复推理他妻子到底是怎么了，有趣的是，他几乎不知道伊莱恩实际的想法。因为伊莱恩拒绝与他交谈。艾伦不知道妻子是觉得不被丈夫欣赏了，还仅仅是想拥有更好的两性关系。他不知道伊莱恩是否会、是否愿意告诉他真相。艾伦不知道伊莱恩是厌恶她自己呢，还是厌恶他，甚至她是否根本就不考虑他。

当他现在再谈到她时，他说她试图毁掉他的生活。他坚称，她害怕亲密关系，故意伤害他。他在解释他为什么一直感到痛苦时，选择了去责怪她。

像艾伦一样，当我们身处痛苦之中时，常常将自己当下的不良感受归罪于过去的伤害。我们这样做的一个前提，是假定别人是有意伤害我们的。这两个假设让我们更难弥合创伤了。这并不是说，试图去理解我们的情绪和行为的原因是无益的。请记住一点：你感受到了伤痛，并不自然意味着他人是有意伤害你的。问题的症结在于，即使我们认为自己找到了情绪的导因，也仍然必须学会一些技巧，让我们感觉好起来。

我们可以学会做出不同的假设，以激发我们去提高生活质量，从而治愈我们的伤痛。这是与责怪他人背道而驰的方法。当我们将自己的困难归罪于别人时，我们仍然陷在过去之中，痛苦仍在延续。不幸的是，当我们责怪别人时，我们并没有意识到我们限制了多少康复的机会。

我写作本书的一个目的，就是要帮助人们学会做出不同的假设，解决伤痛。这其中重要的一步，是要明白责怪别人仅仅是我们为了理解自己为何受到伤害而做出的一个假设而已。当我们责怪别人时，我们便对自己为什么受到伤害这一问题做出了最坏的假设。这种假设通常会使我们一而再、再而三地受到伤害，直到我们改变它为止。

责怪他人具有欺骗性的一面，起初你可能会感觉好受了一些。你可以感受到短期的解脱，因为你所感到的伤痛是别人的责任。然而，从长远来看，好的感觉会消逝，你所剩下的感觉只是无助和脆弱。只有你自己才能采取一些措施，让你最终感觉好起来。

艾伦实际上并不清楚他为什么还感到如此痛苦。他的假设是，他受苦是因为妻子想要伤害他，为了另一个男人离他而去。艾伦将他的痛苦归罪于前妻。艾伦所面对的问题是，他无法改变过去发生的事情。他无法回到过去，让他的妻子去爱他。他只能改变他现在的处境。发生的事已经发生了，对艾伦来说，把他的情感幸福与过去的事情联系在一起是冒险行为。他既改变不了过去，也改变不了妻子。

是的，艾伦妻子的行为是恶劣的。她违背了她的结婚誓词，而且反复违背。她的行为伤害了丈夫、孩子，以及她所在的社区。她对于婚姻的破裂负有她那部分的责任，也被要求适当支付孩子的抚养费，对孩子尽抚养义务。我并不是说这个女人罪有应得，我也不是为他妻子的行为开脱。我反对的只是艾伦的看法——他坚持认为，是前妻导致了他目前的苦难。我看到，对艾伦来说，责怪妻子是多么没有意义。我反对他的看法，是因为责怪他人非但没有让他感觉好些，反而让他感觉更糟糕了。他过去的妻子仍然主宰着他现在的幸福。

我推断，困扰着艾伦的事，是他对前妻耿耿于怀。他在日常生活中正在做的一些事导致了他目前的痛苦。责怪他人导致艾伦痛苦，但随着他减少责怪，他的痛苦也将减轻。艾伦仅仅需要对他现在的感受方式负责。艾伦不应将自己的痛苦归罪于前妻，而应问问自己这样的问题："我怎样才能学会让自己的痛苦少一些呢？"

当我们将自己的痛苦归罪于别人时，当我们相信别人就是导致我们痛苦的原因时，那么，我们就需要依靠别人才能让自己感觉好受些。当艾伦将他当前的不幸归罪于前妻时，他需要前妻向他道歉、承认错了，需要她做出改变或请求宽恕，然后他才能感觉好受些。这个要求太高了。它发生的可能性极小，艾伦在徒劳的等待中感到无助。现实的可悲之处在于，艾伦的妻子已经开启另一段长期的婚姻关系，几乎不再想到艾伦了。

只要艾伦责怪妻子，他就很难从伤痛中恢复过来。他也很难与另一个女人建立起良好的关系。艾伦以为，他需要前妻对他做点什么，但是他没有能力让她这样做。因为他对她无能为力，艾伦现在又在他已经遭受的拒绝和背叛之痛中，增加了无助和怨恨。责怪妻子让他的困难处境变得更糟糕了。

艾伦和玛丽琳通过自己的惨痛经验了解到，我们无法知道别人为什么会做出那样的举动，我们也无法确切地知道我们继续遭受痛苦的原因。作为对痛苦处境的反应，我们尽可能对所发生的事情提供一些最佳假设。然而，我们很难确切地知道什么是因什么是果。影响我们感受的因素，有些来自过去，有些来自现在，并且有些是我们对未来的希望。有些影响源于我们的行为，有些源于别人的行为，而有些则源于偶然因素。我们永远也无法确切知道我们为什么受到了伤害。我们所能做的最实际的事情，是学会如何让伤害减少一些。

抗争 / 逃避反应

当我们想到某个伤害时，我们身体的反应仿佛是处于危险之中，并且激发出被称为"战斗 / 逃跑"（fight-or-flight）的反应。身体释放出化学物质，为的是让我们做好应对危险的准备——奋力回击或逃之夭夭。这些化学物质被称为压力性化学物质。它们是为了让我们感觉不舒服，这样我们就会有所作为，从危险中脱离出来了。

这些压力性化学物质通过引起我们身体的变化来吸引我们的注意。它们会导致心跳加速和血管收缩，这使得血压上升，我们的肝脏会向血液中释放胆固醇，覆盖心脏，防止身体其他部分失去太多的血液。压力性化学物质还会影响我们的消化功能，导致我们的肌肉变紧。我们的呼吸变得更浅，感觉更敏锐，以应对手头的问题。消化停止了，血液流动转向身体的中心——心脏。我们感到坐立不安和不舒服。

我们中大多数人将这种不愉快的身体反应归罪于伤害我们的人。当我们这样做时，我们就以某种方式陷入了责怪怪圈，会让我们长时间地处于困境和无助之中。

当我们反复琢磨某次背叛或欺骗时，我们所感受到的身体压力使得我们许多人难以忘掉不满。玛丽琳每次想到母亲，都会感到心情紧张。她每每想到她的缺乏爱心的父母，就感到胃部发紧，还常常会引起头痛。每当她感受到身体症状时，她就再一次体验了一波波的愤怒，痛恨母亲毁掉了她的生活。她怪罪母亲给她带来了眼前的不适，刺激了她的战斗/逃跑反应。这种正常的身体反应以及对伤害者的责怪，加强了你的不满，而你的不满始于你太过情绪化地对待某些你不喜欢的事情。

当你想到某个曾深深伤害过你的人时，你的交感神经系统马上活跃起来。交感神经系统是植物性神经系统的分支，后者的功能是刺激我们的身体，使我们远离危险。植物性神经系统控制着我们的内部器官，比如心脏、平滑肌和呼吸器官。它还有另一个分支称为副交感神经系统，当危险过去时，副交感神经系统就会让我们平静下来。这些系统始终处于运行状态。当危险浮现时，我们的交感神经系统便做好准备，控制战

斗 / 逃跑反应行为。当危险过去或我们放松时，副交感神经系统控制战斗 / 逃跑反应行为，我们便平静下来了。

交感神经系统的战斗 / 逃跑反应是迅速的、可预见的。问题在于，它只给我们提供了两种选择：战斗或逃跑。我们可能想报复伤害者，我们可能想让那个人像我们一样去遭受痛苦。或者，我们可能永远也不想再见到伤害过我们的人。我们可能永远也不愿再想起他们。这些过于情绪化地对待事情的反应是常见的，它们基本上是压力性化学物质在我们身体里发挥作用的结果。它们是原始性的反应，通常并不是出于细致的或富有成效的思考。我们所面对的问题是，这些压力性化学物质所提供的选择不足以帮助我们重新控制感情生活。

简而言之，这些选择是不好的。它们不会帮助我们充满感情地去面对亲近的人，认真地对待痛苦的生活经历，或者应对亲密关系的微妙之处。

你可能会认为，寻求报复或避免伤害这些想法是深思熟虑之后的反应。事实并非如此。它们是生理上一种保护机制的产物。当你感知到危险时，你的神经系统便提供了这些反应。不幸的是，你的神经系统并不会告诉你，你所看到的这个危险是现在正在发生的还是十年前发生的。你的神经系统并不知道，你母亲对你大呼大叫这件事是发生在今天还是发生在 1981 年。你的神经系统并不知道，你的丈夫是今天还是 1993 年有了外遇。你的神经系统做出反应的唯一方式是，它知道你考虑某个问题是 1 次还是 1200 次。

让事态变得更糟的是，战斗 / 逃跑反应改变了我们的思考能力。压力性化学物质的部分功能在于，通过限制大脑的脑电活动，使我们远离危险。压力性化学物质还在一项活动中起到了部分作用，即将血液流动从大脑的思维中枢转向大脑中更为原始的部分。当玛丽琳说母亲让她如此的心烦，以致她不能清楚地思考时，她说的是真话。你觉得受挫，其中一个原因便是你在同一件事情上反复想到了你的不满。

人体的设计是很精巧的，它保护我们远离危险，不允许我们浪费珍贵的资源去对事情做出规划或想出新的思路。我们生理上的身体将生存看成是最重要的。对于每一次的伤痛记忆，比如我们 100 次地想起老板对着我们大呼小叫的恐怖场景，或者 263 次地描述我们母亲离家出走那天的苦涩细节，我们的身体都会保持警戒状态。

想想这一点吧。我们的身体除了将我们限制在战斗／逃跑两种选择中，还有别的选择吗？我们的身体将一些脑电流从大脑思维活跃区转向大脑中更为原始的、更为本能反应的部分，试图以此来拯救我们的生命。当你面对一只剑齿虎时，你的身体会试图挽救你的生命。如果你前面的车辆突然转弯，你不得不猛踩刹车，你的身体也在试图挽救你的生命。为了在这些危急关头生存下来，你需要将所有的注意力都集中到手头的任务上。

当你想起母亲十年前对你是多么不好时，你的身体不需要拯救你的生命。当你告诉你的配偶，你最好的朋友对你大喊大叫时，你并不需要抗争或逃避。当你第 35 次去解释你的父亲爱你的妹妹胜过爱你时，你不需要你的交感神经系统兴奋起来。你必须学会分清真实的危险和想象的危险，这样身体功能才能有效地运转。当你一心想着将自己的不良感受或你的糟糕生活怪罪于别人时，你无法认识到这一重要的生活教训。责怪别人时，你就陷入了伤痛和身体不适的恶性循环之中。

放弃控制自己的力量

受压力性化学物质的影响，我们犯下的最大错误便是将我们的不幸归罪于伤害者。当我们将自己的感受归罪于其他人时，我们就赋予了他们控制我们情感的权力。这种权力十有八九不会被明智地行使，我们将因此继续受苦。有非常多的人把这种控制权交给了根本不在乎他们的人。

每当我们想起伤害过我们的人，我们的感觉都很糟糕，这会成为一种习惯，会让我们感觉自己像是更强大的人的牺牲品。我们感到无助，因为我们不断地回想起，我们在心灵上和身体上感觉有多糟糕。当我们将这种正常的保护性反应归罪于冒犯者时，我们便犯下了一个错误。这个错误把自我解脱的钥匙从我们手中拿走了，放到了别人的手里。

乔安妮（Joanne）就把她的权力交给了朋友南希（Nancy）。南希曾经建议乔安妮在爱情关系中应该怎么做，但是这个建议是错的。南希并没有认真思考乔安妮的问题，而且真相是南希嫉妒乔安妮与男人相处的方式。当乔安妮与男友的关系结束时，南希开始与乔安妮曾经约会的男人交往。

乔安妮感觉自己像是南希反复无常、缺乏关爱行为的一个牺牲品。乔安妮希望南希能让一切事情复原，结束她的苦难。南希并不打算停止与桑迪（Sandy）约会，因为她认为他和她在一起要比和乔安妮在一起更好。南希想和乔安妮继续做朋友，并把想法告诉了乔安妮。乔安妮无法想象这一点，她明显是根据战争／逃跑反应来行事的。乔安妮想象着要么去报复南希，要么永远也不再见她了。

显然，南希待乔安妮不好。她在乔安妮的恋爱关系中给出了不好的建议，当乔安妮的恋爱关系结束时，她又开始与乔安妮的前男友交往，这让乔安妮心碎不已。但是，在乔安妮能够对自己的情感负责之前，南希一直支配着乔安妮的战争／逃跑反应机制。当乔安妮把支配权给了别人，而别人又无法给予她想要的东西时，她就变得心烦意乱并一直如此。乔安妮太过情绪化地看待南希的行为，后者的行为引发了她的愤怒，激活了她身体中的压力性化学物质。结果，乔安妮产生了胃痛、肌肉紧张和焦虑等症状,她将此怪罪于南希。

因此,乔安妮萌生了巨大的不满。她让某个不打算做出改变的人继续伤害她,结果,乔安妮感觉自己像是漠不关心别人的、无情朋友的一个无助牺牲品。让一个没有将你的最大利益放在心上的人控制你,这是很危险的事。让一个曾经伤害过你的人控制你的感情,这也是很危险的事。

如果你记得第 1 章里我们谈到过的丹娜,就知道她的老板根本不是有意地去伤害她。实际上,他们尊重并感激她的工作。他们没有提拔她,是因为从公司之外雇了人。但这却并没有阻止丹娜将她事业上、健康上和情感上的不幸归罪于他们。

斯坦(Stan)面对的情境完全不同,不过,结果却产生了与丹娜一样的不满,他对别人的责怪又强化了这种不满。在斯坦成长的过程中,他的父母待他很差,他的母亲酗酒,他的父亲时常不在家,而且具有虐待倾向。他还记得,当他带朋友们来家里做客时,看到母亲醉倒在沙发上所感到的那种尴尬。他的父亲每天回来就与他的母亲厮打,然后是攻击斯坦。斯坦当时 16 岁,他离家出走了。斯坦再也没有从父母中任何一个人那里获得更多的教养,因为他们谁也不回他的电话或书信。

斯坦的母亲还责怪他破坏了家庭,这让他在受到伤害之外又受到了侮辱。斯坦打电话时,他的母亲会告诉他,他如何伤害了他的父亲并破坏了他们的家庭。在他们最后一次通话中,她呵斥他破坏了家庭,自那以后不久她就离世了。

尽管我强调了斯坦童年和成年早期的可怕经历,但是我不知道他将当前的愤怒情感归罪于母亲有无意义。他的母亲是一个残酷而冷漠的人,但她现在已经去世,很难再改变一切了。只要斯坦将他生活上的失败和长期的愤怒怪罪于母亲,他就仍然和她捆绑在一起。而令人恐惧的是，斯坦就是这样将自己的控制权让渡给了一个残酷的人，一个直到生命尽头也不愿意改变、不能改变的人。

我反复观察到，斯坦的经历是具有普遍性的。我看到许多人将他们的权力让渡给了残忍对待他们的人。我来问问你们：你们之中有多少人将自己的权力让渡给了并不关心你们的亲人？你们中有多少人将自己的控制权给予了伤害过你的生意伙伴或欺骗了你的爱人？你们之中有多少人认识面向未来而非过去的人？你们之中又有多少人经年累月地沉湎于自己过去的伤痛中？

想一想因为怪罪别人，而和某个并不在乎你的人一直联系在一起，你受了多少无谓的折磨吧。这种折磨是个无底洞，那些习惯责怪他人的人都会身陷其中。当乔安妮的男朋友被南希抢走了，她丧失了朋友，这已经够糟的了。当丹娜没有得到她该得的晋升，她的收入和声望受到了损失，但她的痛苦应该到此为止。斯坦由一个酒鬼母亲抚养，然后又被抛弃，他受的苦显然够多的了。当艾伦的妻子欺骗了他，然后离开了他，单单这些损失就够痛苦的了。

这四个人每个人都陷入责怪他人的怪圈中，要么是朋友、老板，要么是父母或配偶，因此他们的痛苦一直持续着。他们每个人多年来都被生活中最糟糕的部分牵绊着。他们试图去解决自己不该受到的痛苦，实际上却让问题变得更糟了。他们应该考虑的问题是，如何去更好地活着，以便让伤痛愈合，继续前行。他们尝试解决问题的办法——责怪他人，让他们不能自拔。这让他们与伤害者联系在一起，延续了他们的无助和痛苦。

让别人对他们的行为负责，与将你的感受归罪于他们是两回事。让任性的配偶承担孩子抚养费的义务，这是正当的。希望一个肇事逃逸的司机坐牢，这也是正当的。让你的配偶为你一直受苦或不能开始另一段关系负责，却会导致不必要的痛苦。你遭遇了车祸，因此陷入持续的消沉或不愿再做冒险的事，让肇事逃逸的司机为此负责，这对你也毫无帮助。

当人们很残忍时，他们是很难释怀伤痛的。我反复看到的事实证明，宽恕可以赋予人们释怀伤痛的能力。别人冒犯了我们，我们责怪他们，这会让他们继续伤害我们，宽恕则让我们从他们那里收回我们的权力。当我们没有得到我们想要的东西时，不满便开始了；而太过情绪化地对待事情，和无情的人联系在一起，则是我们让不满加深的第一步。责怪别人是第二步。宽恕是一把钥匙，它打开门让你走出来。

在下一章中，我将继续探讨不满的形成过程。我将讨论的情形是：太过情绪化地对待别人的冒犯，然后将我们的感受归罪于别人，进而发展出一个不满故事。我们将会看到，被虐待的故事是如何最终演变为一个受害者的故事，而被反反复复诉说的。无论我们是对自己诉说，还是告诉别人，不断地复述很少能够让我们释怀或给予我们希望。

第 4 章

不满故事

> 闷闷不乐的态度不仅是痛苦的，也是低劣和丑恶的。
> 　还有什么会比苦想冥想、哭哭啼啼、喋喋不休的行为更低劣和没有意义？更不要说它可能还导致了一些外在的疾病。什么做法最有害？什么样走出困境的方法最为无益？闷闷不乐只会让麻烦扎根并继续下去，这反过来又会导致闷闷不乐并让局面变得更加困难。
>
> ——威廉·詹姆斯（William James）

当一位朋友出去约会或去度假了，你想要听听他们的经历。你希望听到一个有趣的故事，如果那次约会或度假不错，你的朋友将会有好的故事可讲。你感兴趣的是故事的整体，而不必对每个时刻或细节都感兴趣。如果一位朋友详细告知他们在曼哈顿坐出租车时的每个细节，我们会感到无聊透顶。如果他们告诉你菜单上的每样食物以及他们是如何仔细考虑早餐吃什么的，只要想想你就知道有多索然无味了。如果一位朋友将他们在电视上看到的每个节目的每个细节都告诉我们，我们会求饶的。我们想从他们那里听到的是一个好故事，而不是一个过于详细的流水账。

当我们告诉朋友们我们与父母的关系时，我们选择讲述特别的时刻。如果我们有一个坏脾气的父亲，我们会给出几个例子来说明他的性格。如果我们的父母是善良慷慨的，我们会提供一些轶事来说明他们的善良。没有人会去讲述他们生命中的每个早晨，或者他们受到伤害时的每个情形、每个细节。要去描述童年时代的每个时刻也是不可能的。

相反，我们所做的只是精心地讲述一个故事，给我们的朋友留下一个印象，让他们知道我们的童年是怎样的。我们提供的是我们生活的一幅快照。我们讲述自己的故事时，只挑选我们认为最能代表我们成长过程的事件。我们在记忆库中搜索，在我们童年时代的无数个时刻里，只选择几个时刻来讲述。我们讲述一个故事，我们希望它能反映我们的经历。

同样的，你的朋友会从他假期中的许多时刻里，选择他们认为最有趣的一些时刻来讲述。你在倾听时，希望他们传达的是最重要、最有趣的方面。无论是哪种情形，不管是倾听还是讲述，构造的都是一个故事。我们如何构造这个故事，会影响我们的幸福感。当我们讲述自己的不满或创伤时，我们构造故事的方式是至关重要的。

我们的故事会将我们遇到的事按顺序排列，让我们得以表达自己的感受。我们对事件进行评价，对人们的行为进行解释。最为重要的是，我们的故事说出了那些经历对我们意味着什么。为了达到这个目的，我们必须决定哪些事件是要强调的，哪些是要弱化或忽略的。我们中很少有人意识到，在讲述中决定强调、解释和忽略的部分会产生多大的效果。如果我们的故事变成了一个不满故事，我们也很少知道其中潜在的伤害。

你可能没有考虑过，你所讲述的故事是从包罗万象的可能性中选择出来的。你可能没有考虑过，有些决定会牵涉到你如何去描述某个特定的情境，或者你有多少种方式去描述某个特定情境。你可能没有考虑过，你讲述故事的主要目的是为了帮助你理解发生过的事。你所讲述的任何故事，基本目的都是为了帮助你把发生过的事置于一定的语境中，次要的目的才是去描述发生过的事。

多重视角

让我们来看一个简单的事实。无论什么样的伤痛经历，不管事实是多么清楚和明白，每个牵涉其中的人都会讲出一个不同的故事。无论我们是伤害者还是被伤害者，在某个特定的情境中，每个人注意到的方面是不同的。对于发生过的事，旁观者、朋友和家人讲述的都是他们自己的故事。自然了，我们每个人也可以拥有他或她的视角，这取决于我们的角色。

在所有的视角中，没有哪个故事能说出到底发生了什么。并不存在一个真实的故事，只存在多重视角。你的故事反映了你的观点，此外还传达了一个主题。在选择主题时，你经常必须做出选择：是让你看起来像一个英雄呢还是像一个受害者？把他人描述成英雄呢还是坏蛋？有时，你故事的重点在于你做得有多好。有时，你故事的重点在于促进你成功。在其他时候，你故事的重点在于详细描述事情是多么糟糕。

这个故事可以是某个你保守的秘密，或者是你可以与别人分享的某件事。因为，你不告诉任何人并不意味着你没有一个特定的方式去讲述自己遇到了什么事。对于发生过的每件事，你都会构造出一个故事来。这个故事——你多久讲一次、你对谁讲述它以及你以什么样的方式讲述它，都会显著地影响你的生活。

你的故事并不仅仅是现实的客观叙述。生活中有些时候，我们不得不传达坏消息，为了达到这个目的，我们得讲述某种故事。你的故事提供了信息，同时也传达了你的想法，你想要影响他人。你讲述什么样的故事，决定了你是如何记住那个事件的，以及它如何影响了你的生活。

通过讲述故事，我们以消极的方式留住了曾经影响过我们的惨痛情境，这种情形太常见了。这么做的危险在于，我们会陷入故事之中，过于情绪化地对待别人的冒犯，然后责怪别人过去做过的事。我们描绘的是自己面对别人的残酷时无助的形象。我们这么做时，就构造了一个不满故事。

研究表明，你所讲述的伤害故事会因你的身份——冒犯者或被冒犯者而变化。在一项研究中，心理学家让志愿者做出即时反应，描述一个人伤害另一个人的常见情境，比如车祸。在这个实验中，明显存在着冒犯方，但是读到该信息的受试对象得到的只是有限的细节。然后心理学家让研究对象从双方中任何一方的角度，运用细节去构造一个故事。志愿者可以从冒犯者或被冒犯者的角度讲述故事。

为了让这个实验更有趣，心理学家给志愿者的反应留下了空间。他们可以描述事故发生前的事、当事人的想法，或者别的事情，比如天气或交通状况。只要他们选择了描述什么，就可以算作他们的反应。设置这样的灵活性，是为了给每个人都按照他们意愿回答的自由。

研究结果清楚地表明了一点。在一个困难的情境中，如果你是冒犯者，你所看到的事情与你作为被冒犯者所看到的是相当不同的。从被冒犯者的角度做出反应的受试对象，将他们对于事故的责任最小化，并责怪冒犯者。对于这些受试对象来说，伤害他们的人意味着有意伤害，而他们自己对于事故相对来说是无可指责的。

从冒犯者的角度做出描述的受试对象，反应则不同。这些人把事故的责任更多地推给被冒犯者，将因自己的行为而产生的伤害最小化。在他们的故事中，伤害更带有意外性，并且经常是因为被冒犯的一方做了冒险的事。有趣的是，无论是站在哪一方的人，都不能提供关于事故的客观描述。双方所提供的描述，完美地反映了各自的观点。双方一致同意的、客观的现实并不存在。

你在讲述一个不满故事吗？

你的故事中有一些变成了不满故事，这取决于你是被冒犯者还是冒犯者。如果你在记忆库中搜索的话，我确信其中储存了一些不满故事。不满故事描述了你遭遇过的一些痛苦事情，但是你尚未从其中恢复过来。你知道这些故事，因为讲述这些故事会让你再一次地发狂或痛苦。当你讲述时，你感到胃部痉挛、胸腔憋闷或者掌心出汗，你就知道这是一个不满故事了。当你向朋友解释，为什么你的生活没有像你希望的那样顺利进行时，你所讲述的就是不满故事。你讲述这些故事，是为了搞清楚你为什么不开心或愤怒。

这里有一个简单的测试，可以帮助你判断，你对自己和别人一直讲述的故事是否是一个不满故事。

1. 你对同一个人讲过两次以上你的故事吗？

2. 在一天中，发生过的事在你的脑海里回放过两次以上吗？

3. 你有没有发现自己在对着伤害过你的人说话，即使那个人并不在场？

4. 你有没有向自己保证不带着怒气去讲述那个故事，然后却发现自己又意外地激愤起来？

5. 伤害过你的人是你故事的中心角色吗？

6. 当你讲述这个故事时，它有没有让你想起你身上发生过的别的痛苦事情？

7. 你的故事是不是基本聚焦在你的痛苦及损失上？

8. 你的故事中有一个坏人吗？

9. 你有没有向自己承诺不再讲你的故事了，然后又打破了你的誓言？

10. 你有没有寻找跟你有相似问题的其他人，对他们讲述你的故事？

11. 你的故事是不是历久不变？

12. 你有没有核实你的故事细节的准确性？

如果你对前11个问题回答5个或5个以上的"是"，并且(或者)你对第12个问题的回答是"不"，你在讲述不满故事的可能性就很大。你如果是这样，那也不要失望。你可以像构造一个不满故事那样，很容易地去改变它。

构造一个不满故事

我们构造记忆的方式，使得我们的不满故事很难被撼动。我们的大脑分门别类地储存记忆。为了理解过去发生的事，我们将自己的想法和其他记忆联系起来。有些记忆可以按照一个以上的分类被存储起来。当坏的事情发生时，它们可以被存储进"不满故事"的类别。或者，它们也可以被存储进"人们不爱我"的类别。有时候，我们把它们存入"生活不公平"的类别。我们中间有些人有更大的分类来囊括这些类别，因此就变得很容易想起伤痛和不满。

在按照各种类别存储记忆之后，我们的大脑便搜索符合我们当前心境的、过去的事情。如果我们现在感到悲伤，我们就立即进入过去的悲伤记忆；如果我们现在感到愤怒，那么我们就倾向于发现一些让我们发狂的事情的记忆；如果我们想到了一个我们受到不公正待遇的情境，那么其他同类的例子也会塞满我们的大脑。

最有害的记忆类别是那些能让你想起自己无助或愤怒的类别。不满故事本身就有这样的效果。由于记忆有关联的属性,触发这些记忆类别的事情只会导致感情越来越痛苦。我们并没有意识到,我们的情绪有多少是由关于过去伤痛的随机记忆所决定的。当我们关注过去的痛苦时,我们的自信降低了。此外,我们激活了压力性化学物质,它们也会危害我们的身体健康。

我努力帮助维克托(Victor),让他认识到像他那样讲述不满故事的内在危险。维克托是一位长老会牧师,我们见面时,他正在为上司拒绝他调动一事感到伤痛和愤怒。他想搬到一个气候温暖的地方,这样对他的关节炎有好处。他住在新英格兰地区,那里的冬天非常寒冷。

维克托位居重要的管理职位。他的上司告诉他,他们需要他留在现在的职位上。对维克托来说,他们对他的健康和感受冷酷无情。维克托痛苦地抱怨上司的这个决定,并经常殃及上司所做的、他并不喜欢的其他决定。显然,维克托太专注于上司决定中令人不愉快的结果,因此伤害了他自己。

结果,维克托上司所做过的任何好的决定他都不记得了。他以这种方式接受了许多不好的决定,而不是去看看他当前的争执是否合理。当他把自己所累积的所有这些不满都归于"坏上司"时,他就很难为自己的未来做出最佳选择了。维克托身陷其中,感觉自己像是不公正命运的一个牺牲品。

像维克托一样,当我们构造了一个不满故事时,我们便进入了不满形成过程的最后阶段。如果我们对他人或自己反复讲述这个不满故事,我们便遭受着痛苦。虽然这是不满形成过程的第三阶段,也是最后一个阶段,但是不满故事却经常标志着未来困难的开始。不满故事讲述的是我们的无助和挫折,它的基础在于,我们太过情绪化地对待事情,将自己的感受归罪于别人。每当我们讲述不满故事时,它听起来都像是真实的，因为熟悉的压力性化学物质又释放到了我们全身。然而，太频繁地讲述不满故事对自信心和情绪都是危险的。它也会带来健康风险，因为当我们太过频繁地考虑不满故事时，会导致高血压。

第1章中提到过的丹娜，当她未能得到她期望的晋升时，她极为震惊。她情绪化地去看待这件事，责怪她的老板击碎了她的梦想，告诉她遇到的每个人，他们如何毁掉了她的生活。每一次，当丹娜讲述这个故事时，她就体会了她不应受到的损失，再一次地激发了她的怒火和挫折感。在丹娜的不满故事中，她将自己完全置于无情命运和反复无常的老板的摆布之下。只要她仍然讲述这个故事，她就继续感到愤怒和无助。

丹娜的同事起初还同情她的困境。他们对她的损失和挫折感同身受。不过，当丹娜的工作表现变差，并且她继续宣称"我浪费了十年生命"时，同事们就变得不太支持她了。不久，人们就躲着她了，因为他们不再想听她的不满故事。同事们开始讲述他们自己版本的故事。在他们的故事中，丹娜才是问题的关键，她扰乱了工作环境，不能开启生活的新篇章。丹娜不知道同事们为什么都开始躲着她。

第3章中提到过的艾伦，为了构造他的不满故事，他专注于前妻的背弃，正是这种背弃让他个人受到了伤害。艾伦强调的是前妻的不贞，并且忽略了他们婚姻中的问题。他的妻子多年抱怨他对性生活缺乏热情。艾伦关注的是前妻的缺点，而不是她为解决问题所做过的努力。艾伦为自己的损失所折磨，因此看不到一个事实，即其他许多人也在经受着相似的境遇。每当他感到孤独，嫉妒其他相爱的夫妇的时候，或者当他为经济问题所困时，他就责怪前妻。艾伦的不满故事固化了他的信念——没有妻子的爱和支持，他的生活就是一片空白。

直到艾伦形成了他的不满故事，他才完成了不满形成的过程。当前妻离他而去，他陷入了地狱般痛苦的处境中。他太过情绪化地对待前妻的行为，将他的痛苦归罪于她，但他尚能构造一个故事，在其中他还有一些个人力量。直到他构造出了不满故事，他才失去了应对自如的可能性。但是实际上，他不必把自己描述为受害者。这个世上有许多男人从失败中挺了过来，正如有许多男人在失败中崩溃一样。

当艾伦的妻子离他而去时，他的朋友们都站在他这一边。他们支持他，由着他悲叹和抱怨。艾伦发现有其他男人也失去了妻子，他们都一致认为，女人是靠不住的、自私的。这给他的生活带来了一段短暂的宽慰，让他觉得自己获得了许多支持，尽管他这时很痛苦。

不幸的是，随着朋友们都发展出了其他兴趣，回归到正常的生活轨道，这种支持便消逝了。其他新近离婚的男人们开始继续生活，不再需要或想要听重复的抱怨了。这些男人们厌倦了听他们自己和艾伦的抱怨。他们开始躲着艾伦，艾伦将此也怪罪于前妻。艾伦很不情愿地开始去约会，但总是失望而归；一个女人太瘦了，一个女人话太多了，一个女人则不太会倾听别人。

当我见到艾伦时，他既痛苦又孤独，而且对自己为何变得这么不开心不明就里。他不知道他的不满故事正在毁掉他。他刺向前妻的每把精神利刃，反过来都击中了他自己。他对前妻的怒火使他难以被另外一个女人吸引。他对前妻的不信任导致他苛刻地去评价别人。他正在遭受的痛苦使他几乎不可能有兴趣投入到与朋友们的谈话中。艾伦将这一切都归于他被抛弃的事实，这便是他所讲述的痛苦故事。

我想澄清一下，构造一个不满故事和仅仅告诉别人你被伤害了，两者之间存在着关键的区别。艾伦的故事起初并没有变成一个不满故事，因为他只是告诉别人，他的妻子背叛了他。艾伦是聪明的，当他的婚姻终结时，他知道去寻求帮助；而他的故事之所以会变成不满故事，是因为他反复地去讲这件事。在他的故事中，他将自己幸福的责任归于前妻。他的故事变成了不满故事，因为他老是太过情绪化地对待他妻子的行为。他老是将他当前的不幸归于过去发生的事。他抵制朋友和家人与前妻友好相处的建议，一直陷在痛苦的循环之中。

寻求社交支持

研究者发现，像艾伦和丹娜这样的人，与他人分享他们的生活经验可以帮助他们更好地应对压力，这被称为"社交支持"。"社交支持"通常是越多越好。研究表明，好的社交支持有益于人们很好地应对压力。知道依靠朋友和家人的人们通常更快乐，健康状况也更好。

科学家发现，没有朋友的人、不得不独自应对事情的人，应对困难的生活经历时更为吃力，寿命也更短。事实上，一项大规模的研究表明，不爱社交的人早逝的风险最大。缺少友谊的危害与吸烟一样大，如果不是比后者更大的话。在另一项不同的研究中，患有心脏病的老人如果没有人看望的话，在医院中死亡的可能性更大。即使有一个人去看望他们，他们活着离开医院的概率也会大幅提升。每增加一名探访者，他们活下来的概率就会增加一些。

在面对生活困境方面，比如失业、公司改组、工作压力或长期住院，社交支持是至关重要的。研究也表明，朋友和家人们的适当帮助可以让我们远离生病的风险。它可以帮助我们缓解我们所面对的压力。

不过，研究者们在一系列的研究中也发现了一些有趣的现象，即社交支持既有富有成效的类型，也有没有效果的类型。我们都需要关心者的帮助。然而，我们必须明智地运用这些帮助。

从社交支持中获益最大的人，只在短时间内寻求安慰。他们征求建议，希望学着去更好地应对他们所遇到的事。他们希望朋友和家人们以诚相待，然后试着借助他们的帮助去改变生活。这些人借助帮助去度过困难时期，最终也会在健康上受益。他们将自己看作是正在面对挑战，承担着任务。他们原本可以构造出一个不满故事，却反过来运用进取心和朋友们的支持，承受住了危机，创造出一个成功应对危机的积极故事。

没有从社交支持中获益的那些人，他们从家人和朋友们那里寻求的是不同的东西。这些人往往向家人和朋友抱怨，他们受到了多么不公的待遇。即使他们是错的，他们也怂恿朋友和家人支持他们。他们把自己的问题放大了，怨恨他们所面对的挑战。他们的自尊心是如此脆弱，以致他们拒绝可以帮助他们获得改善的建议。这些人讲述的是不满故事，并且拒绝放弃这样的故事。结果，他们遭遇了健康问题。

我想讲一个女人的故事，她明智地运用了朋友和家人的帮助。到目前为止，我写到的人们都更看重自己的不满故事，而不是学着去更好地应对他们的损失。但是，这里谈到的这个女人的故事却不同寻常。她的故事表明，并不是所有的冒犯都必然会变成不满。尽管我们会受到痛苦的伤害，不满故事却并非不可避免的。读了她的故事之后，你会明白，亲近者的帮助如何可以让你成为一个英雄，而不是一个受害者。

芮妮（Renee）在一个小城的僻静小路上骑车时，被一辆汽车撞倒了。她是个自行车高手，经常骑车去上班，对道路交通法规非常了解。她在道路正确的一侧骑行，发出了正确的信号，还戴着头盔。她并不匆忙，小心翼翼。但是这一切都未能让她免于伤害，当时一名司机匆忙从内侧试图超车，撞上了芮妮。芮妮被撞飞了，司机迅速逃逸了。芮妮伤得很严重，骨盆开裂，严重脑震荡，在医院里待了两周，出院后，又在家中休养了六个月。

她的骨盆再也未能完全康复，还因此遭受慢性头痛的折磨，事故之后的五年中，她都需要拄着手杖行走。她一直未能找到撞她的司机，因此不得不辞掉工作。她的丈夫也不得不换了工作，去挣更多的钱。然而，芮妮从事故中，从失去工作之中，从偶然发生的暴力行为中挺了过来，继续忍受着慢性疼痛。她做到了这一点，方法是她改变了自己做人的方式，将自己的痛苦发展成对他人痛苦的同情。除了从事一份新的全职工作外，她还定期在一家疼痛诊所做志愿者，帮助他人应对伤痛。

芮妮没有抱怨，而是心怀感激地谈论她的丈夫和家人给予她的帮助。她告诉来访者，没有他们的帮助，她将无法继续生活下去。她感激他们给予她关爱，而非怜悯。芮妮称赞她的丈夫，当她还未伤愈时，他就鼓励她返回学校工作。她也说了她父亲的好话，他告诉她去找克服了相似问题的人谈谈。她记得她父亲的话——"尽管你无法改变过去，但是你是唯一可以决定你未来的人"。芮妮尽管对她的痛苦感到沮丧，但是她承认自己因为这段经历，现在成了一个更好的人。

我们每个人都可以像芮妮一样，学会去应对我们的创伤和痛苦。我们不必去讲述无休止的受害故事。我们可以去宽恕那些伤害了我们的人，继续我们的生活。我们可以宽恕父母，如果他们曾经伤害了我们的话；我们可以宽恕朋友和家人，如果他们未能给予我们支持的话。我们可以帮助朋友们去宽恕，去继续生活，如果他们无法继续生活下去的话。我们可以创造一个故事，让自己在其中扮演英雄而非受害者。

选择一个故事

每当我们讲述自己身上发生过那些尚未解决的痛苦时，应该格外小心——因为我们可能开始创造一个新故事了。当你听到自己在讲述过去的伤痛时，要记得稍停片刻，看看自己是否在讲述一个不满故事。如果是的话就暂停一下，做个深呼吸。你的不满故事听上去如此令人安慰，如此熟悉，但实际上却是你的敌人。相比于伤害你的人，这个不满故事伤你更甚，它将你禁锢了起来。它将你封闭在过去中，疏远了朋友和家人，提醒你和别人你是一个受害者。而一旦我们改变自己的不满故事，我们便踏上了康复之路。

还记得我在"引言"部分使用过的那个不满"飞机"的隐喻吗？现在我想让你从不同的角度再想想这些"飞机"。我打算用这个隐喻来说明，我们有多种多样的方法去描述困难的处境。

飞机在空中已经盘旋了很久很久，但是我们每个人现在都是身陷其中的乘客，等待着陆。最终，飞机着陆了，舱门打开，我们终于抵达了目的地。我感兴趣的是，当我们见到等待着的朋友和家人时，不同的人会有不同的反应方式。

我们中间有些人会把已酝酿好的不满故事，劈头盖脸地告诉朋友。他们会抱怨飞机的延误，谈论飞机上糟糕的食物，详尽地描述航空公司的无能，讨论补偿我们痛苦和遭遇的所有方式，等等。也有人则会因为再次看到他们所爱的人，欢呼见到他们是多么高兴。这些人将谈论他们是多么想念家人和朋友，以及他们是多么感激最终能安全着陆。这些人想的是要和朋友们见上面，当被问到空中的情形时，他们会说在空中耽搁了这么久，他们发现保持希望是一个挑战。

因此这个推断看上去是有道理的：相比于没有形成不满故事的人，已经酝酿好不满故事的乘客将会遭受更长时间的痛苦。对于那些仅仅是高兴地着陆、与家人开开心心再次团聚的人来说，航行已经结束了。对于那些怀有不满故事的人来说，尽管航行已经结束了，不满还会让他们与飞机联系在一起达数月之久。我们每个人都在选择我们想要讲述哪种故事。请记住：我们可以宽恕并继续我们的生活，也可以纠缠于我们无法控制的事情。

既然你已经知道了不满形成的三个步骤，接下来我将教你如何去宽恕。我将教你通过宽恕去讲述一个不同的故事。你将会看到，你有机会去修正你的故事，不必再去强调已经发生的错误或者你曾经遭受的伤痛。你将学着去讲述你的故事，这样你的问题会变成你要去克服的挑战，而不仅仅是萦绕不散的不满。到本书的末尾部分，你在你的故事中将会成为一个具有征服力、能够克服困难障碍的英雄。你的故事也将会是一个成功地学会了宽恕的英雄的故事。

第 5 章

原则，原则，原则

不要为已经过去的、无法阻止的事情而悲伤。

——马哈族酋长比格·埃尔克（Big Elk），

《散文备忘录》（1830）

在前面的章节中，我都强调了一点：当我们不希望发生的事发生了，并且我们过多地沉湎其中时，不满便产生了。当过去的伤痛勾起我们痛苦的情思时，不满形成的三个步骤可以为我们理解所发生的一切奠定基础。我描述了不满形成过程所需的三个步骤：**太过情绪化地对待事情；责怪他人；构造一个不满故事**。不过，问题依然存在：是什么使得有些情境变成了不满，而其他的情境则并非如此？并不是每一次我们得不到想要的东西都会形成不满。有没有一种因素决定着某种情境比其他情境更易形成不满？答案肯定是"有"。在不满形成之前，我们正是以某种特定的方式应对某个痛苦的情境。本章的主题便是，我们为什么会以这种方式做出反应。

有一种东西构成了不满形成过程的基础，我将其称为"无法执行的原则"。在本章中，我将向你们展示，犯一个简单而普通的错误，如何导致了我们对失望和挫折做出不良反应，并且开启了不满形成过程的恶性循环。这个简单的错误是所有不满形成的根源。在我们继续探讨宽恕之前，我们必须回溯一下引起伤害的那个时刻，那时我们对自己的反应还有选择的机会。

让我们回到莎拉的经历中，拿它做个例子。莎拉，我们在"引言"部分中曾提到过她，她不想让丈夫吉姆在外面待到很晚才回家。但是在外面待到很晚才回家以及不好的工作习惯只是诸多迹象中的一个，表明吉姆有酗酒问题。他的酒瘾很快就演变成了噩梦——午夜打电话，巨额债务以及抛弃家庭。他离开了莎拉，留下尚是婴儿的儿子和许多未付的账单。莎拉当然不希望任何一种类似的情况发生，她的反应是感到不知所措和愤怒。

莎拉关于自己生活的构想，可能从来没有为丈夫无节制地酗酒及其毁灭性留下任何余地。莎拉梦想的是一个爱意融融的家庭，其中有一个勤勉、体贴的男人。她未能如愿以偿，她对此的反应是震怒、受伤和气愤。她情绪化地对待吉姆的酗酒问题，把自己的不幸全归罪于丈夫，构想了一个不满故事并讲述了多年。莎拉认为是丈夫导致了她的问题——无论是她的生活问题，还是她的感受方式。她变得很难过，但她不清楚自己在这个过程中所起到的作用。她不知道正是自己对处境的反应，让她的处境更痛苦、更持久了。

想想这个显而易见的事实吧。并不是每个嫁给了酗酒者的女人都有像莎拉一样的结局。也并不是每个与酗酒伴侣相处的人，都构想了一个不满故事。有些人能够辨识出麻烦的信号，迅速并坚定地采取立场。尽管他们可能会遭受痛苦和难堪，但是他们挺过来了。他们甚至可以从克服困难的经历中获得成长。有些人做出英雄般的举动帮助他们的伴侣，并专注于伴侣们所做出的积极努力。有些人加入到那些面临相似问题的人们之中，通过与集体的联系来获得支持。还有一些人则尽力地去处理问题，在耗尽精力之后，再开启新的生活篇章。没有什么坚如磐石的结论可以说，因为你嫁给了一个酗酒者，你就必须构想出一个不满故事。

无法执行的原则

有一种特定的思考方式，会让我们从事情发生时的 A 点转向不满占据主导的 B 点。莎拉思考她的经历的特定方式，导致了她的不幸逐渐增加。某种心理习惯使她的问题中有一些被放大了，而另一些则被缩小了。导致不满的思考方式便是试图强制执行"无法执行的原则"。在本章接下来的部分中，我将解释什么是无法执行的原则，以及它们是如何产生的。

为了更好地理解无法执行的原则，你可以想象一个勤勉的警官，他的工作是在一长段繁忙的州际公路上巡逻。警官坐在车里，注意到一辆新型宝马车以每小时 85 迈的速度疾驰而过。然而，他的汽车引擎发动不起来，它只发出噼啪声，却点不着火。警官被困在那里，动不了了，很快他又注意到另一辆车飞驰而过。然后又是一辆。他不知道该怎么办，先是发狂，然后感到很无助。

问题从他的脑海里闪过："我是给每辆车写一张罚单呢，还是让它们走掉算了？如果我开了罚单，但是我又发不出去，我该怎么处置它们呢？对于那些继续超速经过的车辆，我该怎么办呢？"拦下超速车辆是警官的工作，但是因为他车上的引擎坏了，他无法执行这个任务。他面临的困境是，他有原则要执行，但却没有能力执行。他该拿无法执行的原则怎么办呢？

如果一辆车以每小时 90 迈的速度呼啸而过，而且司机似乎是在酒驾，那么警官将会面临更糟糕的困境。警官不仅看到了司机超速，还看到了他给其他司机带来了风险。如果警官看到一位醉驾司机飞驰而过，还导致了一场肇事逃逸事故的话，他将面临一个危机。警官还是无助地困在原地，无法进行干预。警车还是发动不起来，他无法执行任务。警官面临的困境是，他试图去执行原则，但是在那个时刻，这些原则无法执行。

警官深思的问题，也正是每当你遇到一个必须执行的原则被打破时，需要处理的问题。你面临的问题是："我要继续开我无法发出的罚单吗？"像警官一样，你经常需要面对的情境是：当你对情境失去控制时，你不得不想出应对的方法。

让我们设想一下，在另一辆警车来把他接走之前，警官被困在那儿两个小时。在那段时间里，他看到了50辆车以每小时80迈的速度呼啸而过。我们假定他给每辆车都开了罚单。他拿这些罚单怎么办呢？他可以把它们放到警车后面，或者把它们放到记事本里。不管他把它们放到哪里，它们都将扰乱他的一部分生活。同样，当你开出一些精神"罚单"，而又无法对你的朋友、配偶、邻居和生意伙伴实施时，你便扰乱了自己的思想。

当我们试图强制执行无法执行的原则时，我们经常是开出一些精神"罚单"，去"惩罚"那个犯错的人。不幸的是，如果我们的原则无法执行，我们以罚单去惩罚的人到头来只是我们自己。我们的脑子里塞满了这些罚单。我们变得很受挫，因为事情没有按照我们希望的方式发展。我们变得愤怒，因为某件错误的事情正在发生。我们感到无助，因为我们无法让事情回到正确的轨道上来。

我相信，当你试图对某个你无法控制的对象执行原则时，你便给自己出了个难题。当你试图弄明白你的最佳选择时，这个难题挡住了你的路。当你愤怒、沮丧和无助时，你更难以知道该怎么办。当你不断地开罚单，却又无处可送时，要做出一个好的决定是困难的。

当莎拉想要搞清楚该拿她那破碎的婚姻怎么办时，心烦意乱挡住了她的路。将莎拉带向崩溃边缘的，不仅仅是丈夫的酗酒问题，还有她徒劳地想要执行她那无法执行的原则。莎拉不停地写罚单，这个问题与她丈夫的行为一样严重。

执行无法执行的原则，正如同缘木求鱼一样。想一想为什么这样做会让我们的生活变得如此艰难吧。你有没有强迫过谁去做他们不愿做的事？你成功了吗？你有没有从不想提供帮助的人那里得到过你想要的东西？你成功了吗？你有没有因为犯了一个错误而对自己生气？生气有用吗？你有没有要求过你的老板对你好一点？这改变老板的行为了吗？这些正常的愿望，每一个都是试图执行无法执行的原则的例子。试图去改变无法改变的东西，或者去影响不愿被影响的人，都会以失败告终，并导致我们感情上的痛苦。

我们的原则决定着我们的感受

我们对别人的行为和自己的行为所持的原则，在很大程度上决定着我们的感受。为什么呢？因为有些原则是可以执行的，有些则是无法执行的。当你有太多无法执行的原则，或者太过努力地想要执行你的原则时，你便制造了一个难题。试着仅仅去实行那些你可以控制的事情，将会让你的生活更为顺利。

当我告诉两岁的儿子别进我的卧室时，我可以搭一块护栏，把他挡在外面。如果他无论如何都要爬进来，我可以把他带回到客厅，或者可以搭一块更高的护栏。如果我有愿望和精力，我可以让我的孩子待在我的卧室门外。一般来说，我想让两岁的儿子待在哪里，我是能做到的。我能够执行我的原则，让我的孩子待在我的卧室门外。

当你制定一条家庭原则，让你 18 岁的儿子每晚 10:30 之前把你的车子开回家，你便为自己的挫折埋下了伏笔。你可以坚持让他在 10:30

之前把车开回来，直到面红耳赤。不过，你的儿子什么时候回家，最终能决定的只有他自己。除非你与自己孩子的关系非同寻常，否则他开车时，你又不可能一直坐在车里。

你的儿子回来晚了，他可能有许多理由。可能因为交通太拥挤，可能他决定听朋友而不是你的话，可能他忘记了本该回家的时间，或者可能他不在乎你怎么想。要求他在一个特定时间回家，是一个无法执行的原则。你可以在身体上控制你两岁的儿子，但是你不能以同样的方式控制你18岁的儿子。区别在于，18岁的孩子可以选择听或者不听你的话。

当我们将自己的感受归罪于他人时，我们就是在执行无法执行的原则。当我们太过情绪化地看待别人的行为时，我们当然就是在试图去执行无法执行的原则了。当我们构造了一种不满，毋庸置疑，至少有一个无法执行的原则产生了。无论何时，只要我们对什么事情非常苦恼，其根源便在于我们试图去执行一个无法执行的原则。实际上，感到愤怒、无助或沮丧正是一个迹象，表明我们正在试图执行一个无法执行的原则。

除了最近才发生的严重损失或疾病，如果有什么事情给我们带来许多情绪上的悲痛的话，我们便知道自己正在试图执行一个无法执行的原则了。当我们面对新近发生的悲剧，比如我们所爱的某个人死了，某人家里受到了损失或者某人传来了重病的消息，我们会感到不知所措，无法清晰地思考，这是很自然的。然而，经过短暂的时间之后，我们必须面对一个问题，即执行无法执行的原则这一问题。

我们之中没有人可以最终控制自己的健康，或者我们所爱的人的生死。坦率地说，当不开心的事情发生时，我们可以去选择接受或者不接受。我们不接受自己身上发生的事，原因在于我们坚持我们的无法执行的原则。这类似于一个溺水的人，刚刚从船里落水，紧紧抓住了船锚。溺水者只剩下了最后一口气，还在抱怨说船锚本应防止船在暴风雨中移动的。

什么是原则？

原则就是你对某事应该如何发展、某人应该如何思考或行动的预期。我有意将这个界定得较为宽泛。我们对于自己应如何行动和思考、别人应如何行动和思考、生活应该如何运转，都是有原则的。我们对于一切事物都有原则，包括什么服装合适、什么语言合适、高速公路上合适的车流量、超市结账队伍买多少物品合适；别人应该怎么谈话、我们的孩子应该如何对待我们，甚至我们应该拥有什么样的天气。

无法执行的原则是你所拥有的你没有力量使其获得实现的预期。它可以是你对父母该如何待你的预期，也可以是他们该如何对待你的兄弟的预期，或者是你对自己彩票中奖的预期。它可以是你期望自己在一个比赛中赢得头奖，或者是你得到加薪。也可以是你期望有个晴朗的天气，或者是超市结账队伍很短。我们期望却又无力让其实现的事情是数不完的。

无法执行的原则即是你无法控制的原则，无论它们能否执行。**无法执行的原则就是你无力让事情按照你希望的方式发展**。当你试图去执行无法执行的原则时，你会变得愤怒、痛苦、沮丧和无助。试图去强求某件你无法控制的事是自寻烦恼。试图强迫你的配偶爱你，让你的生意伙伴公平行事，或者让父母公平地对待每个兄弟姐妹，这些原则都是无法执行的。

如果人们攀上树木，等待鱼的出现，他们必然会感到失望。大多数父母盯着钟表，看到他们未成年的孩子回来迟了，他们都会感到沮丧和愤怒。处于严厉父母管教下的孩子，想到他们童年时的家庭氛围应该更接近于《考斯比一家》（ The Cosby Show ），而不是《奉子成婚》（ Married with Children ）时，他们会生气的。当你想要别人对你好一点，而不是他们所做的那样时，你会感到很受挫。每当我们试图去执行无法执行的原则时，挫折和无助便接踵而至。每一次当吉姆在外面待到很晚才回家，想想莎拉有多沮丧和愤怒吧。想一想她在脑海里开出并存储了多少罚单吧。

你的原则越是无法执行，你感到不安和失望的可能性就越大。你越想强求你无法控制的事，你就越感到糟糕。即使你只坚持一个无法执行的原则，每当这个原则被打破时，你就会遭受一次痛苦。每当吉姆迟迟未归时，莎拉就感到生气。她生气，是因为他在外面喝酒。她生气，是因为她独守空房。此外，她生气，是因为吉姆不听她的。吉姆没有去做她觉得他本该去做的事。莎拉无助地想要去执行一个无法执行的原则。

莎拉的反应是开出了数量庞大的罚单。吉姆在各个方面都破坏了原则。他破坏的原则如此之多，以致莎拉都数不胜数了。问题在于，吉姆并不把她的罚单当回事。他并不在乎莎拉是否整天都在开罚单。莎拉的罚单把她的大脑都塞满了，把她的其他思想都挤走了。

莎拉部分的挫折感是对吉姆漠不关心和毁灭性行为的合理反应。在下一章中我们将会看到，要想学会宽恕，重要的是我们要知道什么行为对我们来说是不合适的，什么样的边界是我们不该去跨越的。不过，莎拉受苦的另一方面原因在于，她坚持要吉姆按某种方式行事，而她又无力让他按那种方式行事。她无法让他停止酗酒。她无力让他晚上待在家里。她无法强迫他按时上班，她无法让他爱她。她还没有接受他缺乏可靠性这一事实，而是想继续维持她可以控制他的幻象。因此，每当吉姆违反了她的无法执行的原则，她就开始生气。莎拉从来没有想着去反省一下，她给吉姆制定的原则是否现实。

莎拉以某种特定的方式去看待吉姆的行为，这种方式会萌生不满。她以某种方式看待他，这种方式导致她太过情绪化对待他的行为，并把她遇到的许多麻烦归罪于他。莎拉认为，她的丈夫酗酒是不对的。莎拉认为，吉姆晚上应该回家。莎拉认为，吉姆应该准时去上班。她认为，他应该爱她。她制定了许多原则，吉姆肆无忌惮地一次次破坏这些原则，她则成打地开罚单。莎拉想要执行那些无法执行的原则，这让她更加痛苦。

我并不是说吉姆的行为是可以接受的。我也不认为和一个酗酒者一起生活是容易的。毋庸置疑，他的行为是不负责任的，他虐待妻子，忽略了婚姻。我并不是说，莎拉可以和一个酗酒者生活下去，或者没有痛苦地去面对她那摇摇欲坠的婚姻。我想说的是，试图执行无法执行的原则会让我们感到无助和愤怒，而不是游刃有余。开罚单和采取建设性的行动不是同一回事。开罚单只是当你无法想出建设性的行动时，才做的事。

洛琳（Lorraine）现在是一位单身妈妈，带着两个孩子生活。她嫁给拉里（Larry）17年了。当他们一起生活时，拉里全天候地工作，她相当于做了多年的单身母亲。他们实际上没有时间在一起，拉里没有参加过任何一个孩子的学校活动。他们的关系因为忽略而枯萎，洛琳感到越来越痛苦。

一天，洛琳受够了，对拉里吐露了她的感受。他们约定下个星期六一起过。星期六那天，当洛琳醒来时，她发现拉里留了个纸条，说他去办公室一会儿。四个小时过去了，拉里也没有现身。洛琳气愤极了，当拉里回来时，她对他大吼大叫，把餐具扔向他。她吼叫说她受够了，厌倦了他的谎言。拉里最后一次破坏了洛琳的无法执行的原则，她给他开了一张严重的罚单。拉里无法理解，为什么他的妻子如此生气。毕竟，他只是去工作了一会儿。

"我的丈夫一定不能欺骗我"，这条无法执行的原则是最常见的例子。如果拉里更加诚实一些的话，洛琳和他的婚姻关系将会好一些。拉里也许不想和洛琳待在家里，却不知道该怎么说出口。也许他对她的行为也有不满。洛琳对他的行为感到愤怒，这让他们很难进行有意义的讨论。洛琳过于急着给拉里开罚单了，而不能与他进行交谈。她相信，拉里破坏了她的原则就是不对的，她觉得没必要再去听听他会怎么说。

如果我们看重的人都诚实地对待我们，我们每个人都会非常开心。我们的夫妻关系将会因此而变好，因为我们更容易信任配偶，会感到更安全。不幸的现实是，我们无法让配偶表现得更诚实。我们无法强迫配偶去做他们自己没有选择去做的事。如果拉里想去工作并因此撒了谎，洛琳是无法阻止的。我猜想，我们中有许多人（如果不是全部的话），都遇到过配偶撒谎的问题，我们开出的罚单都堆成了坟墓，其中埋葬着无法执行的原则。

在对此进行进一步探讨之前，我想指出一个相关的区别。我们中有许多人会把意想不到的事件与不想要的事件混为一谈。通常，你不想要的东西，你也不希望其发生，但是这两者却是不同的。比如，凌晨3:45有人敲你的门，你很可能会焦虑。你可能会愤怒地或迟疑地问是谁在敲门。如果门外的声音说，有张十万美元的银行本票被证明是你的，这个消息将是意想不到的，但显然却是你想要的。你得到了一张巨额支票，你可能不会对此生气。

然而，如果敲门者是要收回你的汽车，那么这个事件就既是意想不到的也是不想要的了。如果你拖欠了账单，敲门声就显然是意料之中的，但显然是你不想要的。如果你生气了，你便萌生了一个无法执行的原则——即使你没有履行财政义务，也不应该有什么后果。

对莎拉来说，丈夫吉姆的酗酒问题既意想不到，也是她不想要的。当莎拉嫁给吉姆时，她对于他潜在的酗酒问题并没有任何的应变计划。从某种程度上来说，她是不切实际的。尽管莎拉不想要一个酒鬼丈夫，这当然是可能发生的，但许多人的配偶都酗酒。起初，吉姆酗酒问题既是萨拉意想不到的，也是她不想要的。随着时间的推移，吉姆很少有清醒的时候了，他的酗酒问题就变成了可以预料到的，但却是莎拉不想要的。不过，莎拉的无法执行的原则把她的判断力弄混乱了，让她很难对可以预料但却不想要的行为做出反应了。

在洛琳的个案中，拉里的隐身既是意料不到的，也是不想要的。他们有一段充满爱意的恋爱期，以及几年不错的婚姻生活。但是后来拉里的缺场就变得常见了，他不待在家里变成了洛琳可以预料但却不想要的事。洛琳也是不切实际的。尽管她不想要一个失职的丈夫，但她却找了一个这样的丈夫，成千上万的其他女人也都是如此。她的反应是生气，寻找机会报复拉里。

对这两个女人来说，她们的痛苦大多源于她们无法接受生活的真相。她们和丈夫生活在一起，丈夫更多的是让她们失望，而不是让她们满意。她们每个人都是一直在试图执行无法执行的原则，而不是采取建设性的行动。每个女人都开出了无数的罚单，都遭受了痛苦，因为她不明白无法执行的原则所具有的致命的力量。每个女人都宣称她的原则是对的，她的丈夫是错的。她们都没能意识到，当你试图执行一个无法执行的原则时，你是没有办法成功的。

两个女人所感受到的痛苦，与她们想要执行原则的意愿程度相关。当她们的无法执行的原则被打破时，每个女人都感到愤怒。她们谁也没有力量让丈夫按照她们的意愿行事，这让她们感到无助。莎拉心中有一个无法执行的原则，即她的丈夫不该去喝酒。如果吉姆不该去喝酒的话，那么为什么他去喝了？他必然有一个不同的原则。他的原则是，喝酒是没问题的。他可能还有一个原则，即妻子们应该少管闲事。莎拉没有遵循他的无法执行的原则，这可能也让他觉得沮丧。

莎拉不知道她的不能喝酒这一原则是无法执行的。对她来说，希望吉姆保持清醒是一个妻子对丈夫的正常期望。在我看来，这是一个无法执行的原则，它让莎拉无法从痛苦、艰难的经历中恢复过来。在莎拉的案例中，她的无法执行的原则让她更难与一个酗酒丈夫生活在一起了。吉姆是个酗酒者，他做的正是酗酒者都会做的事：喝酒。莎拉为可以预料但却不想要的行为开了许多罚单。她没有很好地适应可以预料的行为，因为她一直坚持要吉姆别再喝酒。对莎拉来说，她的无法执行的原则不断地被打破，这开启了一个恶性循环，导致她形成了不满。

无法执行的原则无处不在，我们差不多所有苦难的根源都源于此。对于同样的情形，丈夫和妻子经常会有不同的原则。这会导致各种各样的问题。我经常从女人那里听到的一个原则是："我工作辛苦一天了，我需要我的丈夫今晚能够理解我，不要纠缠我过性生活了。"但是丈夫们经常有一个很不同的原则。他们可能会想："我工作辛苦一天了，我需要一个爱我的、可以和我过性生活的妻子。"当这种情形发生时，男女双方都有无法执行的原则。

琳达和乔治就是这样一对夫妇。当乔治想要过性生活时，琳达太累了，她的反应是对乔治破坏了她的原则感到气愤——尽管她没有直接这样说出口，但是她把他看成是一个不体谅别人的蠢货。不幸的是，乔治有一个不同的原则。他把琳达缺乏性欲看成是她的无情。结果，琳达经常生乔治的气，而乔治感到琳达是有意在回避他。两人都试图执行无法执行的原则，而不是面对他们自己的现实情况和对方的限制。当他们不再试图去执行他们的原则，而是开始原谅对方时，他们的婚姻质量提高了。

每一个不满的构成基础，都是这样一个事实：被冒犯方有一个无法执行的原则，这个原则未能被遵循。这个原则可以是一般性的，比如"我不应该受苦""人们应该对我好一点"，或者"我必须被人爱"。或者它也可以表现为特定的行为原则，比如"我的爱人应该完全按照我说的，去把洗手间清理干净"。无论是哪种情形，要求别人遵守无法执行的原则构成了不满形成的基础。

当你说你爱的人必须同样地爱你时，你就在制定一个无法执行的原则。仅仅是因为：你爱他们，为什么他们就得爱你呢？当你说你的丈夫不应该喝酒，而是晚上回家来陪你时，你就在制定一个无法执行的原则。仅仅是因为：你想要你的丈夫保持清醒，并不意味着他也想这样。当你说你的朋友一定不能欺骗你时，你就在制定一个无法执行的原则。仅仅是因为：讲真话会让你们的关系变得容易一些，但这并不意味着你的朋友必须得让你们的关系变得容易一些。

当你说你痛苦时你的家人应该善解人意一些，你就在制定一个无法执行的原则。仅仅是因为：你想要得到关爱，并不意味着你的家人在你需要关爱的时候，就必须得提供关爱。你在度假时想要有一个完美的天气，你就在制定一个无法执行的原则。仅仅是因为：你想要好天气，并不意味着它就会发生。当你说你的老板对你要有耐心时，你就在制定一个无法执行的原则。仅仅是因为：你想要一个善解人意的老板，并不意味着这就能成为他优先考虑的品质。

你所希望的并不等同于你所得到的

在上面所举的每一个例子中，你清楚地表明了你希望什么事情发生。每个例子中都包含了一个好的、积极的意愿。如果每个人都得到关爱和公平的对待，这个世界将会成为一个更好的所在。这些愿望每一个都是好的，它有助于你了解你想要什么。但是当你忘记你所希望的并不等同于你所得到的时，问题便随之而来。仅仅是因为：第3章中提到过的艾伦真的想要他的前妻低三下四地回到他身边，但这个意愿并不会成为可能。他忘记了，没有她，他一样可以生活。当洛琳把她希望拉里少工作一点和她认为拉里必须要少工作一点混为一谈时，她忘记了，没有他在身边，她已经生活了多年。

无法执行的原则会扭曲你的判断力。我们尽力想要坚持我们的原则，以致我们没有看到它们带来的损害。我们责怪别人破坏了我们的原则，因而开出罚单去惩罚他们。我们拒绝付出我们的爱。我们在生气和痛苦中做出了各种各样的事情，而不是去做一件可能有益的事情——我们不去考虑我们的原则是否被执行了。

当我们想要得到什么，并为得到它而制定了一个无法执行的原则时，不满的形成过程便开始了。还记得丹娜吧，她觉得自己一定要得到她想要的晋升。丹娜犯了一个关键的错误，她把她的愿望变成了一项无法执行的原则。丹娜想要得到晋升，但却以为她应该得到那次晋升。她为公司工作了十年，但这并不能保证那次晋升就非她莫属，她把两者搞混淆了。丹娜无法控制公司要提拔谁的决定，因此她制定的原则是无法执行的。丹娜甚至不知道她自己还有一个原则，当然更不知道她的原则是无法执行的，她想要那个晋升，表现得就像是她应该得到那次晋升一样。这导致她陷入了无尽的悲伤之中，太过情绪化地对待一切，把她的失败和沮丧归罪于她的雇主，构造了一个不满故事。

我在这一章中谈论过的每个人，都是因他们的无法执行的原则而受苦。对丹娜或艾伦来说，他们没有得到想要的东西，随之而来的是多年地开罚单，这导致他们陷入了巨大的情感折磨之中。他们的伤痛、怒火和无助使他们把注意力都放到了伤害者身上。这遮蔽了他们的判断力，使得他们几乎不可能去过完整的生活。他们的决断能力变差了，他们感到自己多年中裹足不前。

要想放弃你的无法执行的原则，第一步是要认识它们。当你意识到你制定了一些无法执行的原则时，你便采取了自救的第一步措施。仅仅是做到这一点，你就已经把你给予伤害者的权力拿回来了。下一步，你可以构建一些原则，来获得更大的平静，更好地控制你的情感。随着你获得平静和控制力，你的判断力和决断力也会提升。

有时候，我们必须解决一个困难的情境。比如，和酗酒者一起生活必然是一个麻烦的经历。仅仅去制定一些更好的原则是无济于事的。我们得考虑，怎么做才能保护我们自己，或许还包括我们的孩子。要做到这一点，我们需要智慧。当我们因为自己的原则没有被遵循，脑子里塞满无助的怒火时，我们很少有精力去仔细考虑我们的选择。要离开配偶或者获得一张对于配偶的限制令，是挺困难的事。当我们坚持要配偶做他们做不到的事情，比如适度地饮酒，我们就让自己面临更大的挑战了。

在本书接下来的部分中，你将学会如何不再制定无法执行的原则，并且去制定一些可以执行的、替代性的原则。你将学会如何少开一些罚单，这种方法的有效性已经得到了研究的验证。当你的配偶做了你不想要的事情时，如果你拥有可以执行的原则，你便更能占据主动。拥有可以执行的原则，你便保留了灵活性，可以让你做出好的决定，即使当你面对一个酗酒的配偶时。拥有可以执行的原则，你便可以去宽恕，可以去做对你有益的决定，而不仅仅是对你的任性配偶的被动反应。你感到平静和可以掌控自己了，这会提高你的判断力和做决定的能力。

请记住一点：当你感受到明显的痛苦情绪时，几乎在每个这样的情境中，你都在试图执行无法执行的原则。这是有希望改变的。我们每个人都可以学着去改变我们的原则。我们可以收回我们的权力。我们可以学着去宽恕。

第二部分 宽恕是一种选择

part two

犯错的是人类,
宽恕的是圣人。

第 6 章

宽恕还是不宽恕，这是一个问题

> 好的天性和好的判断力必须永远结合在一起；
> 犯错的是人类，宽恕的是圣人。
>
> ——亚历山大·蒲伯（Alexander Pope）

到目前为止，我们已经详细讨论了不满产生的过程，但对宽恕却谈得很少。本书是要告诉我们，宽恕对于健康和快乐的重要性。我当然没有忘记这一点，现在就让我们将注意力转向本书的目标——帮助我们学会宽恕自己，以及可能伤害了我们的人。

谈到宽恕，我总是从以下的讨论开始，现在我也将从它开始：**我确信，宽恕是一种选择**。无论是你们还是我，都不必非得宽恕伤害我们的人。另一方面，我们也可以宽恕所有伤害我们的人。如何决定在于我们自己的选择。宽恕并不是偶然发生的。我们必须得决定去宽恕。如果我们仅仅认为我们应该去宽恕的话，我们是不会去宽恕的。宽恕不能是被迫的。我无意于要求你去宽恕，但是我将向你表明如何去宽恕，然后选择权在于你。为了帮助你选择，让我向你说明，为什么我相信宽恕对你最为有益。无论别人是否请求宽恕，这个选择都是存在的。我们每个人都能学会让在雷达屏幕上无休止盘旋的飞机着陆。当我们选择宽恕时，我们便放下了我们的过去，来治愈我们的现在。

我想要做的是，当你受到不公平的对待时，宽恕可以成为你的备选项之一。我反复看到，许多人受到伤害时，都忘记了还有各种各样的反应方式。有时候，我们生气了，并且一直在生气。有时候，我们感到痛苦，并且一直痛苦。有时候，我们只是放下问题。有时候，过去的创伤溃烂了，并感染了我们的现在。有时候，我们根本没有耐心去处理。我们的反应方式不是唯一的。

　　换个情境，我们可能会怜悯伤害我们的人。或者，我们对自己感到愤怒。有时候，我们不理解具体发生了什么，根本不知道怎么反应。

　　我们每个人在不同的时候对于伤痛的反应方式是不同的。我想教会你把宽恕放到你的反应"菜单"上，这样当你需要时你就可以选择它。

　　在本书前几章中，我们了解了不满形成的过程。我们太过纠缠于某个问题，源于我们太过情绪化地对待某件事。然后，我们把自己的感受归罪于别人，拱手让出了我们的权力，我们便向形成不满故事之路进发了。在这一过程的背后，我们往往是制定了无法执行的原则，要求世界或他人都去遵循。

　　自始至终，我使用的例子都是真人和真实的生活问题，以说明不满是如何形成的。我这么做有一个原因。我想确信无疑地澄清一点，即不满不是偶然发生的。仅仅是因为：我们受到了不公平的待遇，但这并不意味着我们一定得产生不满。并不是因为创伤很深，不满便是不可避免的。当你以某种特定的方式对痛苦情境做出反应时，不满才会形成。

　　在受到伤害之后，我们的想法和感受对于我们会不会形成不满至关重要，我们在前面的章节里已经详细叙述了这一点。当我们明白了我们在不满形成过程中的作用，然后我们就可以决定让自己在康复过程中起到核心作用了。最为有力的治愈方式是宽恕。当我们宽恕时，我们对待事情就不那么情绪化了，少责怪伤害我们的人一些，并改变了我们的不满故事。通过学习宽恕，我们就可以宽恕无论以何种方式伤害过我们的人。

在这一章及后面的章节中，我想探讨的是，当你选择宽恕时，为什么会渐入佳境。我将描述宽恕、纵容、和解和公正的区别。我曾经做过一些调查研究，结果都令人信服地证明了我教给你们的东西是有用的，我将详细地描述这些研究。其他科学研究已经表明，宽恕可以增进你的健康、你与他人的关系，以及你的情绪的稳定性，我也将从这一开创性的研究中引用一些基本数据。

准备好去宽恕

当你受到伤害时，宽恕正是你可以选择的诸种反应中的一种。不幸的是，宽恕很少得到讨论，至于实践则更少。尽管宽恕是宗教教义和世界政治的一个重要原则，但也未能改变这一情形。研究表明，当人们决定如何应对生活的残酷时，大多数人不会考虑到宽恕。宽恕从我们的反应菜单中被遗漏掉，这损害了我们的思想、身体和精神。

宽恕不是什么深奥难懂或超凡脱俗的东西。宽恕是一项你可以学会的技能。只要取消不满形成过程的每一步，宽恕便可能发生。我们学着去平衡伤痛的非个人性的一面和个人性的一面，大多数时候我们可以不那么情绪化地对待痛苦的事情。当受到伤害时，我们对自己的感受负责。最后，我们将我们的不满故事转变为宽恕故事，这样，我们就变成了英雄，而不是受害者。

在进一步展开论述之前，我们需要澄清三个前提，这些都是我们准备去宽恕之前所必需的。这三个前提是简单的，阅读本书的大多数读者都能够满足它们：

- 知道你对于发生的事的感受是什么。
- 明白虐待你的行为是什么。
- 至少与一两个你信任的人分享你的经历。

如果你没有满足这些前提的话，就还离宽恕有一段距离。你不必匆忙地去宽恕，当你准备好了，宽恕也将更容易、更深入。我经常看到像达琳这样的人，他们反复地想去满足这三个条件，从而让自己陷于危险的境地。达琳在婚礼上被未婚夫杰克抛弃了，三年后，她还对此事念念不忘。达琳抱怨说，她感到多么难过，她的男朋友结束了他们的关系是多么错误，并且她把自己的悲伤故事告诉了一切可以告诉的人。她把三个前提条件发挥到了极致。我见过许多人像达琳这样，陷于重复自己的创伤之中，这种人比没有准备好去宽恕的人还要多。

第一个前提条件是，你要能够描述自己的感受。这并不意味着你的感受是简单的或总是很清晰的。你的感受可能会日复一日地交替变化，或者时隐时现。莎拉有几天对她前夫的酗酒问题感到生气，然后又气愤自己陷入这样一种令人绝望的情境中。这也伴随着一种挫败感，感觉自己对于这样一种不良关系也有责任。此外，她也为自己是一位接受救济的单身妈妈感到羞耻。其他时候，她又是充满挑衅的，说再也没有讨厌的前夫来毁掉她的生活了。

受到不公正待遇时，我们会产生各种各样的痛苦感受。感到生气、困惑、愤怒、被抛弃、孤独或害怕，这些都是正常的。感到麻木和不知所措也是常见的。第一天的感受是这样，第二天的感受又是另外的样子，这也是常见的。

莎拉去界定她的感受，这让她受益。界定感受对抗的是否认我们的感受或将其最小化的倾向。作为拯救痛苦的一种方式，否认我们感受的强度是容易的，也是常见的。有时候，我们很难承认糟糕的事情的确发生了，而且它们伤害了我们。我们可能会否认我们感受的强度，以维持某种有问题的关系。承认自己的感受，便是向挣脱残暴的、痛苦的关系迈出了一步。无论如何，只有你清楚了解自己的感受，你才能准备好去宽恕。

知道具体发生了什么不可接受的事情，这也是很重要的。这意味着我们要尽可能地记住细节。这并不是说我们必须把发生过的事详尽地检视一遍。这么做的目的是为了不让我们否认发生过的事，将其大而化之。我们想知道我们经历过的事是不可接受的，我们希望能够用清晰的语言去描述什么行为是不可以做的。如果我们不清楚在哪里越界了，我们将来怎么知道避免它们呢？明白是什么导致了我们的痛苦，会让我们重复痛苦情境的可能性变小。

达琳起初只是说，她男朋友坏透了，他是个骗子，她恨他。她说他欺骗了她，她恨他。她每说上20个词语，至少就会说一次"她恨他"。我问她，她是否还有其他的感受。达琳稍停了片刻，看上去悲伤而又脆弱，她回答说她感到孤独、不敢再信任他人。

达琳的感受是复杂的，并且常常是自相矛盾的。她搞不清哪种感受是真实的。她是因为害怕而生气呢，还是因为生气而害怕呢？我提醒她，她不必把一切都理出头绪来；她只要清楚她的感受就好了。达琳害怕孤独，生前男友的气，生她自己的气，充满了困惑，并受到了深深的伤害。她也感到自我怀疑，想知道杰克的行为中是否掺入了她的愿望。其他男人会不会也抛弃她？她会找到某个人来忠诚地爱她吗？

达琳的未婚夫离开了她，开始与另一个女人交往。我问她这种行为有什么问题。她看着我，仿佛我来自于冥王星一样，然后说他毁掉了她的生活。达琳说她恨他，并辱骂他。经过一些提示、流过一些眼泪之后,她说:"他欺骗了我,他让我们的家人蒙羞,并且他伤了我的心。"达琳度过了一段无法平静的困难时光,她很难搞清楚杰克到底做错了什么。她的负面情绪让她茫然失措。当达琳能够说出什么是不好的,她便满足了前两个前提条件了。

宽恕的第三个前提条件是,把发生的事告诉一些值得信任的朋友。这就是说,要谈论你的感受,以及那个痛苦的情境哪里出了问题。与几个值得信任的人分享你的痛苦,会帮助你去应对;它帮助你把感受形诸语言,让它们更为清晰。分享痛苦可以让别人关心我们,让他们给我们提供指导和支持。分享我们的痛苦可以帮助我们了解痛苦的普遍性,让我们感到不那么孤独。

与一到五个人公开地谈论,并不意味着与二十个人谈论就更好。当我们与两三个人分享我们的故事时,我们这么做是为了寻求支持和指导。当我们与许多人分享我们的故事时,我们常常是为了声讨冒犯者,哭诉我们的痛苦,或者是让别人知道我们受到了怎样的伤害。这些原因都不同于寻求支持和指导,经常只是重述我们的不满故事而已。

如果你找不到值得信任的朋友或家人,我建议你找个心理医师或互助小组。如果你谁也找不到,你可以在纸上写下你的经历,然后进行评论。你可以把写下的内容匿名地发到网络论坛上,与人分享。我必须要提醒你:请不要与会伤害你或者会利用你的信任的人分享你的痛苦。你也不必与曾经伤害你的人分享你的痛苦,因为那个人未必是合适的人选。

当你与几个值得信任的人分享你的痛苦时,你便可以进入下一步,学着去宽恕了。你知道自己的感受,你知道什么是不对的,并且你分享了你的痛苦。

达琳很久以前就告诉了许多人,她被人在婚礼上抛弃的所有感受。她发现,反复地去讲述她的故事变得越来越没用,只是进一步确认了她的不幸和牺牲。对她而言，比较困难的事可能是去界定所发生的错误，对你来说或许也是如此。无论如何，当这些步骤每一步都完成了——知道了你的感受，清楚了什么是错的，以及与一两个值得信任的人分享了你的经历，你便为宽恕做好了准备。

什么是宽恕？

宽恕的主要障碍是，我们对什么是宽恕缺乏了解。我们中有些人把宽恕和纵容不好的行为混为一谈。还有一些人认为，宽恕是为了修复我们与冒犯者的关系。我们有些人害怕去宽恕，因为我们认为，这样做我们就不能寻求正义了。有些人认为，宽恕必须是和解的前兆。有些人认为，宽恕意味着忘记发生的事。还有一些人认为，因为我们的信仰说了我们应该去宽恕，所以我们不得不这样做。这些观念都是错误的。

宽恕是一种平静感，当你不那么情绪化地看待你的伤痛，对你的感受负责，成为你故事中的英雄而非受害者时，这种感受就会出现。宽恕是当下所体验到的平静感。宽恕并不改变过去，但是它改变现在。宽恕意味着，即使你受伤了，你也可以选择少遭受一些痛苦。宽恕意味着你成为了解决之道的一部分。宽恕是一种认识，认识到伤痛是生活的正常组成部分。宽恕是为了你，而不为了其他任何人的。你可以去宽恕，与伤害你的人重归于好；或者你去宽恕了，不再与那个人说话。

我经常被问到，宽恕是否有时间表。答案是否定的。没有哪种节奏适用于我们所有人。有时候，我们所需要的只是决定去宽恕。露丝（Ruth）多年来一直对她的姨妈心存怨气，因为后者没有参加她的婚礼。她的姨妈和她的母亲在成年阶段一直争吵不休，露丝结婚时，老姐妹俩正处于争执之中。露丝一直和她的姨妈很亲近，因此对姨妈的冷落耿耿于怀。多年后，她生了孩子，这才让她感觉到她是多么思念她的姨妈。

露丝不愿给她的姨妈打电话，因为她克服不了姨妈没有参加她婚礼的心结。当她从我这里了解到宽恕不仅是可能的，也是可以学习的，她给姨妈打了电话，倾诉了她的思念。露丝是幸运的，她的姨妈是大度的，并为自己的不成熟行为道了歉。露丝去打这个电话的所有动力，来自于一条建议——她去宽恕她的姨妈。她已经为治愈心结做好了准备；她所需要的只是别人的鼓励而已。她只是需要知道，宽恕是替代伤痛与愤怒的一个合理选择。露丝把宽恕作为了自己的备选项，一有机会便选择了它。

威尔（Will）则代表了另一个极端。威尔被他妻子的婚外情搞崩溃了。他们结婚十年了，她却告诉他，她爱上了另一个男人。她从家中搬了出去，不到一周就提交了诉讼，开始争夺孩子的监护权。威尔对此毫无准备，感到愤怒、痛心，内心充满了深深的排斥感。妻子的婚外情从多个方面伤害了他的自信心。

威尔变得消沉，开始喝酒。他的工作表现也变差了，也失去了朋友。四年之后，当我见到他时，他是一个痛苦不堪的人。威尔的一位朋友替他报名参加我的一门宽恕训练课程，作为给他的生日礼物。威尔接受了礼物，但他在课堂上却经常是个烦人的家伙。他会争辩说，有些事情就是不公平的。他比课上的其他 20 个人说得都要多。在课程结束时，他告诉我，我使用的材料是有趣的，但是他坚持认为他受到了伤害，他妻子的谎言不在宽恕之列。

六个月后，直到威尔来参加我的另一门课时，我才又见到他。这一次是他自己交了学费。六周课程结束时，他告诉我，他在生活中对其他人都尝试了宽恕，并获得了成功，但对他妻子却是无用的。我告诉威尔，也许有一天，甚至他的妻子也是可以被宽恕的。

几个月又过去了，这一次我收到了威尔的电子邮件。他告诉我，他开始在与一位很好的女人约会。他说,当他开始与朱莉(Julie)约会时,他表现得如我所熟知的那样痛苦和刻薄。朱莉告诉他,她会倾听他的痛苦故事,并给予他情感支持,但是她不愿受到不公平对待。威尔意识到,他必须要做出选择了——信任或不信任她。

威尔在信中说,他长时间地在思考我说过的那个航空管制员的比喻。他突然明白了,他长期地怨恨前妻,这挤占了他大脑的珍贵空间。他现在和另一个女人在一起,她不会接受这一点——因为他过去受到了虐待,他就有权利对她不好。威尔决定,朱莉比他的前妻要重要,他要开始去实践我教过的一些东西。他对朱莉敞开了心扉,从而给了他们的关系一个机会。他写信感谢我,问他是否是我遇到的最难啃的一块硬骨头。威尔宽恕了前妻。他必须要等到自己做好准备,才能去宽恕。

我们选择宽恕,是因为它对我们有好处,对我们的社会也有好处。当我们宽恕时,我们帮助了自己,也给他人作了一个好的示范。当我们宽恕时,我们让盘旋多年的不满"飞机"着陆了。在下一章中我将讨论到,我所做过的科学研究表明,清理我们的空中交通管制显示屏对精神、情感和身体的健康都有好处。在本章的剩余部分,我将提出三个宽泛的原因,来证明宽恕为什么是有益的。

宽恕为什么是有益的

宽恕最重要的益处在于,我们确信了自己不是过去的牺牲品。显然,过去影响着现在。第 2 章中讨论过的玛丽琳在她冷漠、疏远的母亲身边长大,她在余生中都将受到这段经历的影响。她无法改变过去。她无法让时光倒流。不过,当她宽恕母亲时,她可以比较容易地学会如何在当下以新的方式生活。

有的人在成长的过程中,从家庭中学会了一些事情,这些事情是他们在成人阶段很难忘掉的。不幸的是，在父母所教的这些事情中，有些是有害的。

在蒂姆（Tim）成长的家庭环境中，解决冲突的办法就是声嘶力竭地吼叫，而且家中总是有人在吼叫。琳达成长的家庭环境则是，当她犯错时，她的父亲便羞辱她。她记得，每周她至少有一次是流着泪走回自己房间的。不幸的是，没有人可以改变过去。不过，他们可以宽恕父母，学会新的生活方式。

在父母残暴的家庭中长大的孩子，知道世界并不总是安全的。我们可以宽恕这样的父母，尽我们所能地去创造一个新的、更安全的生活环境。当我们去宽恕时，我们就变得足够平静，可以自信地宣称父母教给我们的东西是大错特错的。有了这种平静感，我们就可以去绘制我们生活的最美蓝图了。宽恕是一个新篇章的开启，而不是故事的结局。太多的人把承认错误看成是目标本身，从而错过了宽恕和成长的机会。

没有谁的过去必须是一场刑罚。我们无法改变过去，因此我们必须得发现放下痛苦记忆的方法。**宽恕给我们提供了承认过去并继续生活的钥匙。当我们可以做到宽恕时，我们便勇者无畏了。**比如，莎拉在经历了与酒鬼丈夫一起生活的悲惨遭遇后，害怕去开启另一段关系。在约会时，她经常是胆怯、谨慎的，因为她还携带着吉姆的阴影，他就隐藏在她的车后座上。当她最终宽恕吉姆时，她通过这一举动知道，她变成了一个更为强大的女人。她开始认真地而不是绝望地去约会了。

在宽恕了吉姆之后，莎拉认识到，她再也不会让另一个男人像吉姆那样对待她了。她认识到，如果她再次受到伤害，她能够恢复。她已经学会了宽恕的技能，知道在自己需要时便可运用这一技能。当我们向自己证明了我们可以挺过一个痛苦的情境时，我们也就认识到，我们还可以挺过另一个。当我们宽恕时，我们的自尊心便会以这种方式增加。我们变得更坚强了，知道什么对我们是好的，什么是不好的。

莎拉在宽恕了吉姆之后，她并没有忘记他是如何待她的。在她的记忆中，她是一个生存者，而不是一个受害者。她并没有纵容他的无情以及酗酒问题。她知道，他对待她和孩子的方式是错误的。她不再让他在自己的脑海里萦绕不散，她已经向自己证明，他对她的情感经历是不负责任的。

莎拉认识到，没有男人她也可以生活下去。她学得更自信了。她学会了信任自己。此外，她不再抱有和吉姆和解的幻想了。至少在她看来，他们的故事已经结束了，她很高兴自己从中走了出来。

学会宽恕的第二个益处是，我们可以给别人提供一些帮助。你可能不知道宽恕作为榜样的力量。如果你环顾四周，你会发现朋友、家人和熟识的人们都满带着伤痛、悲伤和愤怒。你可以通过自己克服困境和痛苦的例子，帮助许多其他人。许多人正面临着曾经影响过我们的、同样的痛苦情境。有多少人可以从我们宽恕的示范中获益，我们都记不清了。

当丹娜最终宽恕了她的老板没有提拔她，她承担起了以自己为例去帮助别人的责任。她是如此的厌倦和精疲力竭，因此，她决定必须要用自己的遭遇来做点什么。她开始告诫朋友们，在工作中不要有不切实际的期望。当别人未能如愿以偿时，她建议他们不要作出同样激烈的反应。她嘲笑自己曾经是多么疯狂。丹娜设法帮助别人去避免她感受过的痛苦。这样一来，她就知道自己所受的苦没有白费。

宽恕是一种展现力量的行为。只有当我们知道并界定了那些感受，与别人分享了那些感受，我们才能有力量去宽恕。只有当我们清楚自己受到了伤害，并且不以受到伤害为耻时，我们才能有力量去宽恕。我们的力量可以是别人的楷模。

宽恕的第三个益处是，我们给予我们生命中重要的人以更多的爱和关心。我从自己和许多其他人的经验中知道，过去的伤害经常让我们脱离并且不信任那些爱着我们的人。因我们的不满而受苦的人，常常不是那些伤害了我们的人，而是今天关爱我们的人。

如果我们纠缠于过去的错误，我们哪有心思去感激我们生命中的美好事物呢？如果我们专注于过去的失败，我们怎么能全身心地去关爱我们生命中重要的他人、朋友或同事呢？如果我们对父母过去的粗暴教养方式仍然感到痛苦，谁将因此而受苦呢？是我们的父母，还是我们现在的朋友和所爱的人？

蒂姆在一个纷扰的家庭中长大，家庭中充满了愤怒和痛苦。当蒂姆把这种情绪带到他的朋友关系和恋爱关系中时，谁将承受其后果？如果蒂姆生父母的气，怪他们脾气暴躁，让家庭失控，是他的父母还是他现在的配偶来承受这个冲击呢？

当蒂姆学会了宽恕，他发现自己所冷落的人都是真正关心他的人。当他开始宽恕导致家庭失控的父母时，他也能够更清楚地看到，他的愤怒怎样损害了他现在的人际关系。通过宽恕，他获得了更多的时间和精力，去接受和欣赏他的朋友以及所爱的人。

宽恕不是什么

宽恕并不意味着你必须把发生过的事看成是行得通的。宽恕并不意味着纵容伤害者无情、不体谅人或自私的行为。威尔谴责妻子的外遇行为，他是对的。她的外遇行为破坏了他们的婚姻誓约。她欺骗了他，并让他难堪。对威尔而言，承认自己的感受是必要的，也是健康的。威尔的问题在于，他反复地确认他的痛苦。听威尔谈话就像听一盘有划痕的老式唱片一样，反复播放着同样的音符。威尔反复播放的音乐并不是特别美好。

愤怒和伤痛是对痛苦事件的恰如其分的反应。当我们的底线被突破时，我们必须知道如何去说"不"。为了宽恕，我们不必去当受气包；宽恕也不意味着别人可以无情地对待我们。宽恕是一种决定，它将我们从个人冒犯和责怪中解放出来，不再让它们把我们禁锢在苦痛的恶性循环之中。尽管愤怒和伤痛是正当的，但它们并不像酒那样愈久便愈香醇。

宽恕不同于忘记。你不能忘记发生过的事。实际上，你要记住它。首先，你记住它，是为了保证坏的事情不会再次发生。莎拉对自己发誓，如果她的约会对象酗酒或者承认之前有过酗酒问题，她就不会再跟他约会。莎拉对于约会对象是谨慎的，因为她记得自己是如何忽略了吉姆酗酒问题的早期迹象的。

其次，你记住发生过的事，这样你就可以为自己的宽恕感到欣慰。你的宽恕，你放下过去并继续前行，这些都是值得称赞的。你成功地征服了一段困难的旅程，这便是值得庆祝的理由。你从治愈者的角度，而不是从无助的受害者的角度记住了你的伤痛。你不必去详细讲述发生过的事，或者因为你已经宽恕了就得意扬扬。你真正想承认的是，为了克服过去的创伤，你付出了多大的勇气和毅力。

最后，你有机会运用你的治愈经验，给需要的人提供同情和支持。当你宽恕时，你便成了那些仍然在挣扎的人们的榜样。看到治愈者，他们会从中受益。你可以示范什么样的结果是可能的。你以自己的例子向人们说明，宽恕是可能的。

达琳最终宽恕了男朋友杰克。这既需要时间，也是她努力的结果。她不再把自己的感受归罪于他。她意识到，人们的想法经常改变，而且他们不知道如何去谈论它。达琳能够改变自己的故事，在其中反映出她新获得的控制感。她不再对他人抱怨，开始对自己的生活负责。她知道她已经宽恕了。不过，即使杰克现在给她打电话，想要见她，达琳也不想再见他了。她低声地、羞怯地告诉我这一点。我称赞了她并告诉她，宽恕和和解是不一样的。

和解意味着你和伤害了你的那个人重新建立关系。宽恕意味着你与痛苦的过去和解了，不再把你的经历怪罪于冒犯者。你可以去宽恕，无需任何理由即可决定不再与伤害者有更深的关系。实际上，当我们宽恕死者时，我们就是这么做的。当我们宽恕在某个短暂的痛苦时刻才认识的人（比如车祸中的肇事逃逸者）时，我们就是这么做的。因为宽恕，我们有了选择权。我们可以宽恕并再给予冒犯者一个机会，或者我们可以宽恕并开始新的关系。选择权在于我们。

同样，宽恕并不意味着我们放弃了索求正义或补偿的权利。我曾经教过一名男学员，他是肇事逃逸事件中的受害者。我遇到拉塞尔（Russell）时，车祸才过去9个月，他很痛苦，并且承受着慢性疼痛的折磨。他坚持说自己不会去宽恕的，因为那意味着他不能去寻求诉讼的途径了。我告诉他，如果寻求法律诉讼是他的选择的话，他可以那么做。我告诉他，宽恕是为了他的情感和身体健康：他的头脑会更清晰，他的决定会更合理。我告诉他，如果他宽恕了，他就能尽快从那个司机的受害者的身份中摆脱出来。

我也知道，刑事司法体系和经济补偿不能满足拉塞尔情感愈合的需要。拉塞尔在法院里和在人生中都想获胜——既想赢得诉讼，也想抚平他内心的创伤。我告诉拉塞尔，让他定下一个双管齐下的计划。计划的第一个方面是为了他的情感愈合的，这与学习宽恕有关。计划的第二个方面是设法确保冒犯者受到惩罚。拉塞尔这两方面的努力是互补的，却又是不同的。宽恕不会加速审判的过程，正义也不必然治愈拉塞尔的情感伤痛。

拉塞尔、丹娜、达琳、玛丽琳、蒂姆和莎拉，他们都学会了宽恕。他们每个人要解决的问题都不同，但把他们联系到一起的，是他们都感觉到错误的、不公平的事情发生了，随着他们对伤害者的宽恕，他们的生活质量提高了。不过，还有证据表明，宽恕的力量不止于这些人、这些事。我以及其他的科学家都做过一些关于宽恕的研究，结果都表明了宽恕的益处。在下一章中，我将回顾此类研究。然后，我将把我已被证明有效的宽恕方法教给你，这种方法已经帮助数以千计的人们从痛苦的人生事件中康复了。

第 7 章

关于宽恕的科学研究

在七宗罪中,愤怒可能是最有趣的。

舔着你的伤口,咂摸着很久以前的不满,品味着、预期着尚未来临的痛苦争执,把你受到的痛苦和你回敬他人的痛苦当作最后一小口美味尽情地享受——在许多方面,愤怒都像是一场适合国王的盛宴。

其首要的弊端在于,你狼吞虎咽的对象正是你自己。

宴席上的骷髅正是你。

——弗雷德里克·布茨纳(Frederick Buechner)

科学研究清楚地表明,学会宽恕对健康和幸福是有益的——对精神健康是有益的,根据最近的科学数据来看,它对身体健康也是有益的。许多确凿的科学研究都证实了宽恕的治愈力量。在这一章中,我将从这些科学研究中摘引一些关键的研究,以清晰地表明宽恕对于身体和精神的治愈力量。在本章的结尾以及下一章中,我将详细论述我开展过的、关于我的宽恕训练方法的开创性研究,以及它给健康所带来的益处。

一些关于宽恕的确切研究表明,更富于宽恕心可以增进人们的健康。有关领域,比如心理学、医学和宗教学的初步研究表明,积极的情感如感激、忠诚和关爱等对于心血管机能有积极的影响。①

许多学科研究都证明，精神高昂的人活得更健康、长久。②学习宽恕是一种精神实践，会以相似的方式有益于健康。世界上有许多的宗教传统都把宽恕作为抚慰伤痛和愤怒情绪的良方。其他研究则表明，喜欢责怪他人的人得各种疾病的概率都要高。③你将会记住，心怀怨恨的核心在于责怪他人。责怪他人是不能应付愤怒和伤痛的结果。多年来，医学和心理学的研究表明，愤怒和敌意对心血管健康是有害的。④这些研究显示，应对愤怒情绪有困难的人患心脏疾病和心脏病发作的概率都要高一些。

这些不同领域的研究显示，学习宽恕通过多种方式让我们受益。当你学会了宽恕，你就能体验到更多的积极情绪。你将更容易获得希望、关爱、喜欢、信任和快乐的感觉。你将更少生气，并因此而获益。你将看到消沉和无助情绪的减少。你也将发展出更加强大的精神力量。你将把世界看作是一个更宜人的处所，感到与人和自然联系得更紧密了。宽恕不论以何种方式帮助了你，迄今为止的科学研究都清晰地表明：抛弃怨恨对你是有好处的。

我曾做过的四项研究都证明，学习宽恕有积极的效果。我的研究与更大范围的、成功的宽恕研究所得的结论是一致的。关于宽恕的研究几

---

① W. 蒂勒、R. 麦卡锡、M. 阿特金森：《侧重和心脏的相关性：关于自主系统秩序的一种新型非侵入式测量方法》，《替代疗法》1996 年第 2 期，第 52-65 页。
② L. K. 乔治等：《精神生活与健康：我们知道什么，我们需要知道什么》，《社会心理学和临床心理学杂志》2000 年第 19 卷第 1 期，第 102-116 页。
③ H. 坦南、G. 阿弗莱克：《把危害性的事件怪罪于别人》，《心理学通讯》2000 年第 119 期，第 322-348 页。
④ T. Q. 米勒等：《关于敌意与身体健康关系研究的元分析评论》，《心理学通讯》1996 年第 119 卷第 2 期，第 322-348 页。

乎一致表明，宽恕在心理和情感的健康方面有积极的效果。学习宽恕的人变得不那么愤怒了，更充满希望了，不太消沉了，焦虑少了，不太紧张了，更自信了，而且他们学会了更爱自己。

研究表明，学习宽恕对于受父母忽略的青少年[1]、感到缺乏关爱的老人[2]、童年时期受到虐待的女性[3]、配偶流过产的男人[4]、被配偶背叛的人[5]，都是有帮助的。在每项研究中，受试组中学习宽恕的人们在心理、情感和（或）身体机能方面都得到了提高。

目前，有三项研究考查了宽恕对于身体健康的影响。每项研究都显示出积极的效果。此外，在我所进行过的最大的宽恕研究中，我们让受测试者写下他们感受到精神紧张症状的次数，比如心跳加速、胃部不适和头晕眼花。完成我的宽恕训练课程的人们，他们的精神紧张症状明显减少了，因此在训练结束时健康得到了改善。更为重要的是，接受宽恕训练的小组成员在训练结束四个月之后的后续调查中，还能维持这种改善。而未接受宽恕训练的对照组成员，他们的健康状况没有改善。

第一项研究是专门考查宽恕对身体健康影响的，它揭示出：当人们

---

[1] R. H. 阿尔－马布克、R. D. 恩赖特、P. A. 卡迪斯：《对缺乏父母之爱的青春期晚期青少年进行宽恕教育》，《道德教育杂志》1995 年第 24 卷第 4 期，第 427-444 页。
[2] J. H. 赫比、R. D. 恩赖特：《以宽恕作为精神治疗目标——针对老年女性的研究》，《心理疗法》1993 年第 30 期，第 658-667 页。
[3] S. R. 弗里德曼、R. D. 恩赖特：《以宽恕作为干涉疗法——针对乱伦不幸者的研究》，《咨询心理学和临床心理学杂志》1996 年第 64 期，第 983-992 页。
[4] C. T. 科伊尔、R. D. 恩赖特：《以宽恕作为干涉疗法——针对配偶流产后男性的研究》，《咨询心理学和临床心理学杂志》1997 年第 65 期，第 1042-1046 页。
[5] M. S. 赖伊：《整合世俗和宗教的分组式宽恕治疗方案评估——针对受到浪漫恋人委屈的大学生的研究》，俄亥俄州博林格林市：博林格林州立大学出版社，1998 年版。

考虑去宽恕冒犯者时,他们的心血管和神经系统机能得到了提高。[1] 这项研究要求大学生们去想象他们已经宽恕了冒犯者。他们接受了指导,学着主动放弃对于冒犯者的报复想法,并接受了一种友好的态度。在他们想象宽恕期间,间断性地加入一些演练怨恨的时段。当受试者演练怨恨时,他们的血压、心率和动脉血管壁的压力都会上升。这些对于人的心血管系统都有负面作用。如果这些反应持续的时间太长,它们会损害人们的心脏和血管。

此外,当受试者进行不宽恕想象时,他们的肌肉紧张度也会加大,大学生们报告说,他们感到不适,控制力减弱。而在进行宽恕想象期间,他们没有出现生理紊乱。学生们报告说,他们感受到了积极情感和放松的美好感觉。这项研究揭示,宽恕和心怀怨恨都会产生直接的身体和情绪反应。在宽恕的状态下,这些反应是积极的,而在怨恨的状态下则是消极的。

这项研究表明,从短期来看,心怀怨恨会让受试者的神经系统压力增大。心怀怨恨在短期内让这些学生感到压力增大,增加了他们的不适感。

在威斯康星大学麦迪逊分校进行过的一项研究表明[2],人们的宽恕程度与他们的疾病状况是相关的。人们越是善于宽恕,他们患许多疾病的概率会越小。人们越是不宽恕,他们的健康问题越多。无论是对于短期的身体不适,还是对于长期的总体幸福感,这种相关度都保持恒定。

---

[1] 范·奥耶、C. 威特维莱特、T. E. 路德维希、K. L. 范德·拉恩:《胸怀宽恕还是心怀怨恨:它们对情感、生理机能和健康的意义》,《心理科学》2001 年第 12 期,第 117-123 页。
[2] S. 萨里诺波罗斯:《宽恕与身体健康:一本博士论文的概要》,《宽恕世界》2000 年第 3 卷第 2 期,第 16-18 页。

在这项研究中，宽恕与健康的关系同样适用于发病的频率。宽恕能力强的人比宽恕能力弱的人生病要少。前者被诊断出慢性疾病的情况也少。这项研究在学习宽恕和健康问题发生率之间建立了一种基本关系。

第三项研究是直接研究宽恕与健康关系的，它是在田纳西大学完成的。该项研究的研究者访谈了107名大学生，这些大学生都曾受到过深度伤害，要么是被父母、朋友，要么是被恋人伤害。在这一系列的访谈中，他们被要求去回忆伤痛事件，然后测量他们的血压、心率、前额肌肉紧张度以及出汗程度。研究发现，相比于不宽恕者，宽恕者的血压、肌肉紧张度和心率降低了。宽恕者在生活中所感受到的压力也更小，身体疾病症状更少。

这些研究的结果表明，学习宽恕有益于健康。短期的宽恕可以减少身体压力。压力减少可以让我们受益，学习宽恕是没有害处的。即使宽恕已经有了这些积极的效果，我们也需要记住一点，即关于宽恕的研究只不过才刚刚起步。我们只做过一些有限的研究。关于身体健康领域的研究还很少，尚不能确凿地证明宽恕的长期效果。

我所做过的研究是最接近于长期效果的，它表明学习宽恕可以增进健康达六个月以上。我想，在未来的几年内，将会有研究表明，宽恕是我们可以学习的一项技能，能够在身体上、情感上和精神上让我们康复。

为了帮助读者更多地了解我的工作，以及我所做过的关于宽恕的研究，我将详细介绍我的每项实验。在我进行过的宽恕研究中，对象涉及大学生年龄段的成人、未到中年阶段的成人、心脏病患者，以及在政治动乱中失去了家人的北爱尔兰天主教徒和新教徒。我的最初研究表明，学习宽恕的人愤怒减少了，感受的伤痛少了，变得更乐观了，在许多情境中都更善于宽恕了，也更注重精神、更富于同情心和更自信了。[①] 我的其他研究表明，宽恕者所感受到的身体压力减少了，活力增加了。

我是到目前为止最大规模的宽恕研究的开创者之一，并担任主任一职，该研究教人们去宽恕伤害了他们的人。我也完成了两项成功的研究，向一些北爱尔兰人传授宽恕技能，这些人都经历过有一个家庭成员被谋杀的伤痛。

我的宽恕方法现在正在其他两项研究计划中经受检验。一些在医院工作的心脏病专家，正在用我的宽恕训练法去治疗高血压病人。这些医生招募了三组病人，以验证八周的宽恕课程能否降低血压。来自第一组的初步结果显示，宽恕会小幅地降低血压。这种血压的降低还伴随着生气次数的减少，以及日常生活质量的提高。在另一项研究中，研究者采用我的宽恕方法，想看看宽恕训练能否帮助绝经期前的妇女降低体内的压力性化学物质的水平。这项计划目前正处于招募志愿者阶段。

开始宽恕研究

我关于宽恕的第一项研究成了我在斯坦福大学咨询心理学和健康心理学专业的博士学位论文。我对宽恕产生兴趣，原因有很多，包括一个让我纠缠的问题——要不要去宽恕我长期交往的朋友山姆。我想，如果我学习宽恕都如此困难，那么其他人也必然如此。我在实验中想要验证的是，我过去发展出并运用的方法或许对其他人也有用。

当我一头扎进科学文献中，我发现到那时为止，只有四项宽恕训练研究在给人们传授宽恕技能。显然，在宽恕领域内运用新方法的时机已

[①] F. M. 拉斯金:《宽恕训练对于大学年龄成人社会心理因素的作用》，未出版的学位论文，斯坦福大学，1999 年。

经成熟了。

在开始第一项研究计划之前，关于宽恕，我怀有一些假设，这些假设在那时都尚未得到验证。首先，我认为不管受到了什么样的冒犯，宽恕都遵循相同的过程。我读过的一些书上说，宽恕父母与宽恕邻居是不同的过程。这些著作指出，宽恕自己也是一个不同的过程。这种看法在我看来没有道理。在我看来，宽恕就是宽恕。不对冒犯进行分门别类，而学着去宽恕，这是相当困难的，我想知道这是否是人们难以做到宽恕的一个原因。

这并不是说，父母的冒犯相比于朋友或其他成人的冒犯，伤害要少一些。儿童时期受到的暴打当然是一个惨痛的创伤，会导致严重的伤害。我并不是说，所有的冒犯都会以相同的节奏被宽恕，或者谋杀的伤痛等同于违规停车罚单。我想说的是，无论冒犯是什么，宽恕的过程是相同的。因此，我在研究中招募了受到过各种各样伤害的志愿者，而不像之前的研究者那样，只招募受到过特定伤害的人。

我的第二个假设是，宽恕更多地关系现在的生活，而不是过去的生活。宽恕训练的目的是减少痛苦和苦难，这样人们才可以在生活中继续前行。我明白，让人们感觉好一些，这种事只能发生在当下。无论好坏，过去的事就过去了。我们只能把握当下。因此，我创造了第一个宽恕训练法，目标便是当下的快乐。

我的第三个假设是，当我们只把宽恕运用到我们生活中最糟糕的方面时，它的力量便被浪费了。为什么只宽恕有虐待倾向的父母或酗酒的配偶，寻求家庭的和睦，而不学着宽恕我们都会面对的烦恼和问题？为什么不去宽恕未按我们意愿发生的一切？我看到，宽恕小的冒犯是很好的实践，可以帮助我们去宽恕人生中更大的障碍。我决定教人们宽恕各种事情，让他们的人生获得更多的安宁。

由于我当时是一名研究生，我决定在其他学生身上开展我的研究。我招募了年龄在18至30岁之间的学生志愿者，他们都还对某个亲近者心怀着怨恨。我接触的这些学生，他们必须得宽恕父母对他们的伤害，宽恕老师给的成绩不公平，宽恕亲近的朋友和自己的恋人上了床，宽恕恋人欺骗了他们，宽恕老板对他们撒了谎，宽恕他们的兄弟或姐妹在家中最受宠。

我没有接纳的只是那些在近5年中受到过身体暴力或性暴力的受害者。我总共招募了55名志愿者，并把他们随机分成两组：第一组立即接受我的宽恕训练，第二组在第一组结束之后再接受宽恕训练。每个人或早或晚都能获得平等的宽恕训练机会。

第二组可以作为第一组的对照组。对照组可以让我知道，哪些积极的变化归功于我的宽恕训练，而不是别的因素。随机地分配受试对象是指，我把所有志愿者的名字堆放在一起，然后让一位研究助理用计算公式把它们分成两组。随机地划分受试者是一种绝佳的方法，为我提供了两个可以进行平行比较的小组。

我最初的研究结果是非常积极的，也验证了我的假设。当我说我的研究是成功的，我是指几乎所有的积极结果从统计上看都是显著的。研究的成功并不仅仅是说，接受宽恕训练的小组最后的分值要高于对照组。在一个实验结束时，第一组的分值通常要比第二组要高。数据还不足以证明实验是起作用的。统计上的数值只说明了两组的差异是否显著；也就是说，这种差异不是由于运气或一两个人获得了巨大改善的结果。统计上的显著数值表明，有95%的确定性可以断言，积极效果不是出于偶然。

在这项实验中，我很有兴趣与这些学生相处，他们有过一些伤痛经历，需要他们去宽恕，但是他们并没有表现出过度的敌意、报复心理或消沉。我感兴趣的是，我想看看普通心怀怨恨的人能否从学习宽恕中受益。我希望形成一种宽恕训练方法，它能够为任何人所用，不管他们面对的是轻微的还是严重的不满。

为了让受试者参与进来，每个学生都必须是自愿参与该研究的。然后，每个人必须填写三次标准的纸笔心理测试。第一次是在研究开始时，第二次是在宽恕训练结束时，第三次是在训练结束10周以后。在心理测试中，学生的初始分值符合平均值或正常值。也就是说，这些年轻人在心理上和情绪上都是正常的，他们无法宽恕某个人，但他们并不消沉或怀有敌意。实际上，以一些标准来衡量的话，这些学生比一般同龄人更少生气，更不想去报复。

在科学研究中，想要从居于平均水平的对象身上获得显著的积极效果是相当困难的。几乎所有的心理学研究的目标，都是让一开始消沉、焦虑或愤怒的人，在完成实验之后接近于平均水平。我的受试对象则是从平均水平开始，却仍然获得了显著的提高。除了学会宽恕之外，这些学生还以多种方式提高了他们的心理和情感机能。我可以很自豪地说，在训练结束两个半月之后，这些积极的效果仍然没有变化。这些结果显示，几乎每个人都可以从学习宽恕中受益。

当这些学生在报名参加实验时，他们不知道自己是否被分在了宽恕训练组。当他们填完第一套问卷之后，他们才会被告知留下来开始第一次课程或回家。参加宽恕课程的学生每周与大概12至15个其他学生聚集到一起。每次课程持续一小时，连续6周。

我对于这次实验有5个基本目标。我将讨论每个特定的目标，并描述其实现程度。我将突出最重要的一个目标，即减少宽恕组参与者所感受到的愤怒水平。我会把这方面的讨论放到最后，因为无法控制的愤怒对于心脏病是一个重要的风险，是值得进行说明的。

第一个目标是帮助宽恕组的参与者减少伤痛感。从研究开始至结束，这一目标成功实现了，参与者的痛苦显著减少了。受试者当时被要求划一条线，以 1 至 10 中的一个数值代表他们的痛苦水平。宽恕组的最初平均值达到了 8 以上。在实验结束时以及宽恕训练结束 10 周之后，该数值仅仅是略高于 3。

该研究的第二个目标是帮助参加者学会宽恕并作为解决问题的一个普遍策略。我希望人们不仅宽恕伤害者，而且把宽恕作为应对许多情境的一个选择。我们有两种不同的方法来衡量这一点。

第一种方法是另一位宽恕研究者发展出来的，即简要描述能引起宽恕、和解、报复或许多其他反应的不同情境。类似的例子有：一个亲密的朋友对你撒谎了，某人从你家偷东西了，你的恋人不辞而别，或者你在工作中受到了不公平的待遇。参与者被要求从一系列备选项中进行选择，但是研究团队会对宽恕反应计分。

第二种评价方法是我们创造的一个简述，用于描述引起痛苦的人际交往情境。比如，你的恋人打电话说，她（他）与前男友（前女友）上床了，现在想跟你谈谈。研究参与者必须描述他们应对这一情况所可能引起的伤害和关系困境的策略。以两种评价方法来衡量，宽恕组的学生们都显示出他们学会了宽恕。宽恕组的学生拥有更好的策略去应对痛苦，并表现出明显得多的信心，确信他们能够宽恕恋人。

我的训练的第三个目标是帮助参与者去宽恕伤害过他们的某个人。首先，研究参与者整体上表现出了更有可能宽恕冒犯者的倾向。其次，我们看到，研究中占 75% 的女性参与者较之于对照组的女性，能够更快地宽恕冒犯者。

这些结果向我们表明了一个有趣且完全符合常识的结论：时间是抚慰伤痛的一个重要因素。随着时间的流逝，所有参与者的伤痛都在减少。尽管宽恕组相比于对照组取得了更为显著的进步,但随着时间的流逝,两组成员都感到痛苦减少了。老话说"时间会治愈所有的创伤",这是有道理的。一个重大的区别在于,当人们学会宽恕时,他们在心理上和生理上也变得更健康了,并学会了一些策略,让他们更加自信地相信,他们可以更好地处理未来的伤痛和困难。

宽恕训练的第四个目标是,提高宽恕组成员的心理、情感和精神机能。我感兴趣的是,想看看宽恕训练如何提升参与者的希望、自信、同情心、人格成长和生活质量。在每一项测试中,宽恕组相比于对照组都有显著的提升。这意味着,宽恕组成员通过学习宽恕,情感上变得更健康了。我们在情感上变得更坚强了,我们感到更自信、更乐观了,这可能是学习宽恕的一个重要的副产品。对于对照组的成员来说,时间减轻了他们的伤痛,但是并没有提高他们的心理或情感机能。

宽恕增进了健康

我发现的这些积极的情感变化,对于健康是有意义的。更高的希望水平已经被证明可以帮助人们成功地应对痛苦和一些疾病。[1] 乐观的人活得更长,得病更少。[2] 具有精神意志的人能更好地应对损失和疾病。[3] 抑郁对心脏病是一种危险因素,在心脏病发作后,它也决定了谁可以

---

[1] C. R. 施奈德:《希望的过去及可能的未来》,《社会心理学和临床心理学杂志》2000 年第 19 卷第 1 期,第 11-28 页。
[2] B. Q. 哈芬等:《心理/身体健康:态度、情感和关系的作用》,马萨诸塞州尼达姆海茨市:阿里南德·培根出版社,1996 年版。
[3] F. M. 拉斯金:《精神和宗教因素对于死亡率、发病率的影响述评:以心血管病和肺病为中心》,《心肺疾病康复杂志》2000 年第 20 卷第 1 期,第 8-15 页。

活着离开医院。[1] 最近的一项研究表明，抑郁对于中风是一个重大的风险。[2]

我的宽恕训练的基本目标，是降低宽恕组成员的愤怒程度。具体地说，我感兴趣的是要减少学生们对于人际交往中的伤害的愤怒反应。我实现了这些目标。宽恕组从刚开始到训练课结束10周后最后一次测量期间，愤怒水平下降了大约15%。学生们无论是测试期间的特定感受，还是长期内对于情境的反应，愤怒都减少了。

我之所以关注愤怒水平，是因为研究表明，愤怒对于心脏病是一种主要的危险因素。[3] 无论是对于男人还是对于女人，心脏病都是致死的一个主要原因。对于青壮年死者的尸检结果表明，许多人在20来岁的时候，冠状动脉疾病、动脉窄化以及胆固醇斑的形成就开始了。即使是年轻人，也不能免除心血管疾病和无法控制的负面情绪的不良影响。[4]

最近的一项研究针对的是血压正常的成人。受试者参加一项心理测试，以测量他们的愤怒水平。结果发现，愤怒水平高的人较之于愤怒水平低的人，患心脏病的可能性要高3倍。这是因为，愤怒会导致压力性化学物质的释放，这些物质改变了心脏机能，导致冠状动脉及外围动脉变窄。

过去，心脏病的主要心理风险被认为是A型行为。早期的研究显

---

[1] A. 费克蒂奇等：《抑郁对于心脏病的导因作用：以全国健康和营养检查调查（一）中的女性和男性为例》，《内科医学档案》2000年第160卷第9期。
[2] B. S. 乔纳斯：《抑郁症状对于中风的潜在的危险性》，《身心医学》2000年第62卷第4期，第463-471页。
[3] R. 威廉姆斯、V. 威廉姆斯：《愤怒杀手：控制有害健康的敌意的17种对策》，纽约：蓝登书屋，1993年版。
[4] C. 伊瑞巴仁等：《青壮年冠状动脉钙化与敌意的关联》，《美国医学协会杂志》2000年第283卷第19期。

示，A 型人格的人患心脏病的风险更大。当时的想法是，A 型人格的人总是很急躁，过于好胜，过于勤奋，而且容易生气。这些性格叠加到一起，被认为是增加心血管患病风险的原因。然而，许多研究发现，敌意是 A 型人格的一个危险因素。工作狂或者总是很急躁，如果不伴随着生气，是不会给健康带来风险的。[1]

威斯康星大学的宽恕研究表明[2]，学习宽恕可以帮助中年参与者预防心脏病。在该项研究中，受试者越是善于宽恕，心脏健康问题就越少。同时，这些参与者越是缺乏宽恕精神，心脏疾病的发生率就越高。

该研究还显示，受试者越是富有敌意，健康问题就越多，发生的频率也越高。宽恕与健康问题之间的关系，比敌意与健康问题之间的关系更为紧密。研究者得出结论："在本研究中，相比于单纯的敌意，不能宽恕是身体健康问题的更为重要的预警器。"

一项吸引人的研究表明，在让人生气的事情上纠结五分钟就会降低你的心率变异性（heart rate variability，HRV）。[3] 心率变异性是神经系统健康的一项关键衡量指标，并且显示了心血管系统的灵活性。我们的心脏需要有灵活的机能，以对压力和危险作出反应。此外，心率变异性降低也是一个重要的预测指标，预示着患者将会死于心脏病。[4] 该项研究表明，生气五分钟也会降低受试者的免疫反应。研究者测试了受试者唾液中免疫球蛋白 A（IgA）的含量，它是人体免疫功能的一项常用指标。在该项研究中，生气的受试者在气消了之后的 4 至 6 小时，他们唾液中的免疫球蛋白 A 便消失了。

---

[1] R. 威廉姆斯、V. 威廉姆斯：《愤怒杀手》。
[2] S. 萨里诺波罗斯：《宽恕与身体健康：一本博士论文的概要》。
[3] W. 蒂勒、R. 麦卡锡、M. 阿特金森：《侧重与心脏的相关性》。
[4] R. C. 卡尼：《抑郁影响心律》，雅虎新闻，1997 年。

在该项研究中，研究者发现，当受试者想到他们关爱的人时，他们的身体反应便呈现出积极的变化。受试者的心率变异性和免疫功能均提高了。此外，研究者发现，回想积极的情感会让受试者的脑电波和谐。和谐的脑功能可以增加思维的清晰性和创造性。我看到，当人们宽恕时，他们就可以做出更好的选择了。宽恕也可以让我们的脑功能变得更和谐，这一点是令人兴奋的。

我的第一项研究表明，学会宽恕可以通过多种方式帮助我们。宽恕是一种复杂的体验，它可以改变被冒犯者的精神感受、情感、思想、行为和自信度。我相信，学会宽恕生活中的伤痛和怨恨是重要的一步，可以让我们感到更有希望、更加注重精神，减少消沉。这些变化增进了我们的健康，赋予我们更多的能量，去创造更好的生活。它们让我们的身体以最佳方式运转。这些科学研究结果让我明白了继续探索宽恕效果的重要性。

斯坦福宽恕研究项目

由于我的第一项研究的成功，我的博士论文导师卡尔·托雷森（Carl Thoresen）博士和我获得了一项拨款，去重做并扩展该项研究。我们把这项实验称为"斯坦福宽恕研究项目"，它比当时的任何研究意图都要大得多。我们在招募志愿者时所获得的响应，让我们受宠若惊。我们获得的拨款可用于110名受试者，但是因为人们对于宽恕的兴趣，260多人参与了实验。

此时距我教授第一个宽恕小组已经过去两年了，我也学到了更多。我已经完成了临床心理学实习期，有了一整年的接触病人的经历。因此，我能够提高、强化和扩展我的宽恕训练法。结果便是，斯坦福宽恕研究项目的受试者接受了6周的训练课程，每周90分钟。同样地，在实验开始前、结束时以及训练结束8周后，我们对参与者进行了测试。

在斯坦福宽恕研究项目中，我所面对的对象是年龄在25至50岁之间的受过伤害的成人。我同样没有根据冒犯者来限制参与者，只是把近5年内受过虐待或侵犯的人排除在外。我们招募的志愿者，要么是无法宽恕配偶的欺骗，或者配偶的酗酒或吸毒问题，要么是无法宽恕最好的朋友抛弃了他们、父母虐待了他们、商业伙伴欺骗了他们，或者兄弟姐妹不关心他们。我们再次将这些人随机分成了宽恕组和对照组，并且测试了参与者精神上的幸福、痛苦、愤怒、身体健康、压力、乐观和宽恕水平。

我们从该宽恕研究项目中获知的一个有趣事实是，报名参加实验的女性要比男性多。这种性别差异也在其他宽恕研究和我教授公开课的经验中得到了证实。在我们接到的电话中，大约80%是女性打来的。我们想招募相同数量的男性和女性，以确定宽恕是否因性别而异。顺便插入一个有趣的现象，当我们把广告语改成招募"心怀怨恨的人"时，我们招到的男性就多于女性了。

当我写作此书时，斯坦福宽恕研究项目的结果还在不断地传来。到目前为止，数据都是非常积极的。我们认识到，宽恕组感到压力减小了是因为训练的结果，并且这种变化在训练结束后稳定地持续了16至18周。我们认识到，参与者变得更善于宽恕伤害者了，并且在通常情况下也变得更善于宽恕了。这两项结果在训练结束后稳定地持续了4个月。宽恕组成员也对他们的宽恕能力、少生气及更好地控制情绪的能力变得更有信心了。

参加过斯坦福宽恕研究项目训练的人们明显变得生气少了，无论是生气时的愤怒程度，还是更一般意义上的愤怒体验都减少了。在训练结束时，宽恕组的人们相比于对照组还感到伤痛减轻了，在16至18周之后，结果也是如此。此外，受试者从实验开始至结束也变得显著乐观了。

除了监测受试者在压力、乐观和愤怒等方面的变化之外，我们还让他们评价自己的健康水平。参与者被要求以1至5五个数值去简单评述他们的健康状况，1代表"很好"，5代表"不好"。宽恕组成员在健康方面显示出了小幅度的提升，而对照组成员则没有提升。与一般人相比，本研究参与者的平均健康状况是很好的，因此任何程度的提升都值得注意。

最后，我们让参与者指出，他们通常感受到压力时会有哪些常见的身体反应。例如头痛、胃痛、头晕、疲倦和肌肉酸痛等。我要很高兴地指出，学习宽恕显著地减少了宽恕组成员的身体症状。也就是说，宽恕训练不仅帮助人们减少了压力，也减少了影响他们身体健康的压力症状。

这前两项宽恕研究项目都显示，人们通过宽恕训练获得了明确的积极变化。这些研究的一个有趣特征是，我们没有招收那些遭受过极端伤害的人。我们招募的是各行各业中对于某个亲近者心怀怨恨的人。值得注意的是，我们没有招募死亡事件或虐待事件中的受害者。我在接下来的两项研究中，完全转移了关注点。在这些研究中，我面对的是那些遭受过最大不幸的人们，他们都有一个亲近的家庭成员被谋杀身亡。这样，我就可以证明，我的宽恕训练对所有的人际伤害都是有用的。

我和我的研究伙伴把接下来的这两项宽恕研究称为北爱尔兰希望项目。我们用"希望"（HOPE）一词代表"治愈我们过去的经历"（Healing Our Past Experience）几个词的首写字母。在第一项研究中，一位名叫博仁·布兰德（Byron Bland）的长老会牧师和我为斯坦福带来了五位女性，她们极其需要学习宽恕。这些女人来自于北爱尔兰，她们都是天主教徒和新教徒。有四个女性在政治暴力中失去了儿子，这场政治暴力在过去的30年间让北爱尔兰人民备受煎熬。第五位女性也遭受了严重的损失,需要去宽恕。

2001 年冬天,我们完成了第二期希望项目的宽恕训练。在这个项目中,我们面对的是 17 位来自北爱尔兰的男性和女性,他们都有一位所爱的人被谋杀了。我们再一次面对来自北爱尔兰全境的天主教徒和新教徒。有些人失去了父母,有些人失去了兄弟姐妹,还有一些人则是孩子被谋杀了。至少可以这么说,这两个项目对于我的宽恕训练法是一次重要的检验。

我想,没有什么比宽恕谋杀了自己家人的人更难的事了。我在下一章中将详细描述这两个希望项目,告诉你面对这些经历过如此巨大损失的人们是怎样一种感受。

第8章

北爱尔兰希望项目：终极检验

> 如果你不希望动辄发怒，就不要养成发怒的习惯；不要做让怒火增加的事情。首先，保持安静，计算你没有生气的天数："我过去是每天都生气，然后是每隔一天才生气；接下来，每隔两天，然后是每隔三天才生气！"如果你成功地度过了30天，感恩节时给诸神献祭吧。
>
> ——爱比克泰德

在上一章中，我简要提及了我已经完成了一个北爱尔兰希望项目，并正在进行第二个项目。在这两个项目中，我和我的研究伙伴面对的是北爱尔兰的谋杀受害者家庭，帮助他们治愈丧失亲人之痛。在第一个项目中，我面对的是儿子被谋杀的女人，在第二个项目中，我面对的17位男女，每人都有一个家人被谋杀身亡。我帮助这些家庭，是试图以这种方式帮助饱受战火折磨的国家中的人们去和解，并开始相互间的对话。正因为如此，我们在两个讲习班中都既吸收了北爱尔兰的天主教徒，也吸收了新教徒。

第一个北爱尔兰项目于1999年夏季开始做计划。我的合作者博仁·布兰德是在北爱尔兰从事维护和平工作的牧师。他与那个国家的人们进行了广泛的接触。在这些人中，他结交了一位名叫诺尔玛·麦康维尔（Norma McConville）的朋友。麦康维尔夫人在过去的 30 年中一直是北爱尔兰的和平活动家。她熟悉那个国家及其人民，博仁信任她，请她帮忙找一些愿意参加我们宽恕训练的、政治暴力中的受害者。诺尔玛是我们与北爱尔兰之间的联系人，通过她，我们获得了那些母亲们的信任，她们不远万里飞到美国，并对她们从未谋面的人袒露了那些虽然陈旧却仍在滴血的创伤。

布兰德牧师起初联系我，是因为他听说过我正在做斯坦福宽恕项目。他知道我在教人们宽恕。他在报纸上读过关于我的研究的评论，但是他不知道我们正在从事的工作是否对那些北爱尔兰人有效。他有一种直觉，那里的受害者极其需要从他们的个人惨剧中恢复过来。他知道，这些惨剧是多年来宗教和政治所激发的暴力的结果。他目睹了那些伤害和不满给个人、家庭和社区所带来的损害。

博仁问我是否愿意给北爱尔兰深受伤害的人们试试我的宽恕训练法。在第一个希望项目中，我们吸收的女性都有一个儿子被谋杀身亡；对有些人而言，谋杀的发生远在 20 年前。我们发现，不管谋杀已经过去了多久，这些女人仍然遭受着极大的痛苦。这些女人感到，她们康复的需要被忽视了，这让情况变得更糟糕了。

我和博仁意识到，如果我们打算做成这样一个项目，我们有许多困难需要克服。首先，我们没有经费，我们也不知道我的宽恕训练对于这类极端的损失能否奏效。安排住宿、交通、饮食和宽恕训练课程，提供一周的观光和娱乐，这些也都是艰辛的任务。我们同意试试看，是因为我们想要帮助他们，并且就我们知识所及的范围来看，这种宽恕项目还从来没有人做过。

这些女人都负担不起横跨大西洋的旅费，也没有钱在美国住宿。这些人都来自于工人阶级家庭，完全没有钱能支撑赴美国的一周旅程。我们能够获得一些捐款，可以涵盖她们的机票钱和饮食费用，而每个女人则都住在一个志愿者家中。斯坦福大学为我们提供了举办讲习班的空间，2000年1月，这些女人抵达了旧金山国际机场。

我把我的宽恕方法教给了这些女人，我们测量了结果。和在其他的实验中一样，我在第一次课程中即让这些女人填写问卷，以此作为评价的基准。然后，当她们就要回国时，她们再次填写那份问卷；这叫作效果测试。最后，在她们回到北爱尔兰6个月后，我们给她们寄去了一套问卷表，进行后续评估。

当这些女人刚刚抵达时，她们讲述的关于自己损失的故事令人心碎。一位女人描述了她的儿子一天上班时是如何被劫持的。他被推进了一个浅坟中，双手反绑着，然后灼热的子弹射进了他的头颅。然后，他的尸体隐匿了21年之久。我只能想象，当一位母亲知道她的孩子的生命是如何被剥夺时，她必然感受到的那种恐惧。

另一位母亲说，她的儿子在一家餐馆工作，给客人准备炸鱼和薯条。一天，一个持枪歹徒走到外卖窗口，开始射击。她的儿子被射中七枪，当场死亡。第三位母亲说，她的儿子和他童年时代最好的朋友在一起时被枪杀身亡。这位母亲和她的儿子是新教徒，而那位朋友则是罗马天主教徒。两位好朋友当时正坐在一家酒吧里，一个新教的忠实信徒冲了进去，把两个年轻人都枪杀了。第四位母亲的儿子是一名警察，在执行任务时被杀身亡。

每个女人的故事都是阴森、令人恐惧的。听这些故事时，人们只会想到人怎么可以如此残忍。我和这些母亲们坐在一起，亲眼看到了失去孩子是多么具有毁灭性。

令人意想不到的是，这些女人于2000年1月竟然来到了帕洛阿尔托市（Palo Alto），参加了为期一周的我的宽恕训练课程。她们抵达时，我们开展斯坦福宽恕项目已经有 18 个月之久了。在那段时间中，我已经给数百人教过宽恕方法，并完善了我的宽恕方法。

希望项目的结果证实了我的确信，即我已经巩固了我的宽恕训练方法。从我们通过科学测量方法获得的积极效果中，从那些女人讲述她们的损失和生活故事的变化中，即可得到证据。那些女人学会了如何去讲述一个不同的故事，一个让她们获得一定程度的平静、重燃希望的故事。

与前两项研究不同，我们这次没有使用对照组去评价变化。我们不想让这些母亲感到，她们的遭遇被主要用作了科学进展的材料。我们不能让十几个遭遇过剧痛的女性来到美国，然后却只给她们中的一半人提供宽恕训练。因为没有对照组，从科学的标准角度来看，我的结果是不太有力的。不过，即使有这样的缺陷存在，我们所获得的结果仍然是非凡的。

当我们衡量这些北爱尔兰女人如何感知她们的损失时，在从 1 到 10 十个数值中，她们在一周课程开始时，这个数值接近于 8.5。同样地，这是一项简单的、标准的心理测试，每个女人被要求在一张纸上画一条线，代表她当时的痛苦程度。当她们结束一周的课程要离开时，她们的伤痛值仅略高于 3.5。在 6 个月之后的后续问卷中，这一数值仍然低于 4。这一伤痛值上的变化与我在前两项研究中所获得的结果是相似的。这一变化令人满意，因为这些女人的创伤要严重得多。

在一项关于压力的单项测试中，这些女人从训练开始至 6 个月之后的后续调查，压力减少了差不多一半。关于压力的问卷询问的是，人们在生活中如何应对困难。

经过一周的训练，这些北爱尔兰女人对于谋杀者表现出了更大的宽恕，提升了大约 40%。在后续评估中，这一积极的结果仍然维持恒定。

她们的抑郁状况也有改进。给她们一张清单，上面列有30件代表抑郁的物品，这些女人起初平均选择了17件，在训练结束时平均为7件，在6个月之后的后续调查中则为10件。在后续评估中，这些女人的表现是，她们变得显著乐观了。

我知道，要想成功，我必须要给她们提供我所能发展出的、最强大的宽恕训练。我努力地阐明我的思想，并拓宽我的理解力，以涵括像丧子之痛这样的令人心碎的损失。结果显示，我的宽恕训练过程是相当有力的，可以帮助到这些女人。我对这些北爱尔兰女人所使用的宽恕训练过程，也正是你在这本书中所读到的。

北爱尔兰希望项目的积极效果超出了我们的预期。我们开始时所面对的这些女人，她们感到极度痛苦，对她们的不幸非常愤怒，这是可以理解的。训练结束时，这些女人还为失去了孩子而痛惜，但是通过宽恕，她们获得了一定程度的、应对不幸的力量。正如一位参与者提醒她自己的那样，"生活是为了活着的人们"。另一位参与者说，"我们必须把我们的儿子放到记忆中，然后继续前行"。

这些女人在每一项变量上都显示出了改进，我至今仍然对此感到惊讶。我感到惊讶的是，宽恕训练是有效的，并且这些积极的效果持续了下来，即使当这些女人回到北爱尔兰之后，置身于文化对立的政治环境之中，也是如此。

我不想声称，这些女人已经完全克服了丧子之痛。我也不会声称，我能够治愈每个遭遇过悲剧的人。孩子是无可替代的。经历过如此惨痛的损失之后，人们的生活不可能再维持原状了。对于这些北爱尔兰女人，我们能做的只是抚平她们的情感痛苦，这样她们就能发现她们可能已经错过了一些人生选择。每个女人都以自己的方式，选择去关注活着的人，通过增加希望、减少愤怒，去向记忆中的、已逝的儿子致敬。

第二个希望项目

我们的第一个北爱尔兰项目结束之后大约 6 个月，我和布兰德牧师决定启动另一轮的希望项目。我们联系了诺尔玛·麦康维尔，询问她我们如何才能够将宽恕训练扩展到 18 位受害者。我们知道我们的方法对 5 个人是有效的，但是它会不会对 3 倍或 4 倍于此的人起作用呢？它能不能对其他家庭成员也起作用，而不仅限于母亲呢？

我们刚刚才结束了第二个北爱尔兰希望项目的宽恕训练。在这次的项目中，第一次的 5 位女性也回到了斯坦福，再接受一周的宽恕训练。每位女性也带来了两三位朋友、家人或社区成员，这些人也遭受过家人被谋杀之痛。最初的 5 位女性既充当参与者，也充当同伴们宽恕训练过程中的指导者。从北爱尔兰来的这些人，有在谋杀中失去了父亲的儿子，有丈夫被害的妻子，有兄弟被杀的男女，有儿子被杀的父母。

在希望二期项目中，如同在希望一期项目中一样，我们听到的故事都是痛苦的。一个男人诉说了他失去父亲的故事。当他父亲被枪杀时，他还是个小男孩，他成长过程中只有母亲和哥哥陪伴。他知道，他的父亲被杀害，仅仅是因为父亲是一位新教徒。结果，这个男人对天主教徒恨之入骨，在参与希望项目期间，这种痛恨在很大程度上消解了。这个男人认识到，失去家庭成员的天主教徒也如他一样悲伤。丧失亲人之痛超越了宗教和政治上的藩篱。

另一位参与者报告了她的丧夫之痛。她的丈夫在家中被人绑架了，并被迫驾驶一辆载有爆炸品的厢式货车去往一处军事关卡。他坐在驾驶席上，炸弹被引爆了。另一个女人诉说了她丈夫被害的过程，当时他正在照看孙子。第三个女人的丈夫差不多是在 30 年前被谋杀的，随后他的房子也被炸毁了。这些故事的残酷及其无意义让人目瞪口呆。

在第二个希望项目中,我们也提供了一周的宽恕训练。在整整一周中,我们以团队的形式每天聚集两次。在一周课程结束时,我们以效果测试的方式检测训练的效果。此外,6个月后,我们会发送后续问卷,检测项目的长期效果。我们的一个目标是,在这些人访问美国并保持明智期间,为他们提供帮助。我们的另一个目标是向他们提供足够强大的指导,让他们回到北爱尔兰那样一个滋生不信任和痛苦的环境中后,能够禁受得住考验。

我们刚刚才开始分析希望二期项目的效果测试数据,还没有收集任何的后续效果数据。与其他宽恕实验一样,希望二期学员从统计上来看表现出了显著的提升。经过一周的学习,他们的痛苦程度下降了差不多40%,与第一期项目学员的下降幅度相同。此外,希望二期学员的愤怒水平降低了15%,压力水平的降低幅度也与此相仿。

在心理方面,希望二期项目的参与者刚刚抵达时,抑郁程度很高,离开时则有了可观的改进。小组成员们的消沉情绪从统计上来看表现出明显的降低。从那一周的开始到结束,他们的悲伤情绪降低了20%的幅度。

在希望二期项目中,我们探索了一个新的领域,即成员们的身体健康状况。我们让每位成员填写了两份与健康有关的问卷。第一份问卷让参与者报告他们体验到压力或痛苦情绪所带来的身体症状的频率,比如头痛、恶心、肌肉酸痛或睡眠困难。一周课程结束时,他们的这些痛苦症状减少了差不多35%。

第二份问卷调查的是参与者精力和活力水平。参与者被要求以1至5中的一个数值来表示他们的状况:他们睡得怎么样,胃口如何,感到精力如何,是否有疼痛的症状,是否感到身体僵硬或酸痛。在一周宽恕训练结束时,希望二期学员所感受到的身体活力和健康状况,在统计上表现出了显著的提升。

委婉地说吧，我对这些结果感到满意。经过一周的课程，我们帮助了这些遭受过巨大不幸的人们，他们在情绪上和身体上都感觉好多了。我们鼓励他们放下不满，带着爱在生活中继续前行。他们这样做了，并且在精神和身体上都受益了。

为了充实我们的评价，我们让北爱尔兰的参与者们填写了另一份问卷，调查他们在多大程度上宽恕了那些谋杀他们儿子、兄弟和父亲的人。在17个参与者中，有两个人从一周训练开始到结束，愤怒程度表现出了显著的降低。但是，当他们把注意力放到谋杀上时，还是感到不能宽恕谋杀者。我们从其他15个参与者填写的问卷中，则看到了他们在宽恕方面表现出了统计上显著的积极变化。

这一某种程度上混杂的结果是很有意义的。并不是每个人经过7天的训练，重温他或她生活中的一段恐怖经历后，都会感觉好一些。我感到高兴的是，希望二期项目的大多数参与者在经过一周的训练后，都变得更善于宽恕，不那么抑郁、痛苦和愤怒了，身体上也感觉好起来。我对这些结果的意义感到惊讶。它们显示出人类有不可思议的力量，甚至能从最触目惊心的恐怖经历中恢复过来。它们增强了我的信念——人们能够学会宽恕。

在每一期宽恕项目进行期间，我都有幸成为治愈和情感成长过程中的一部分。我敬畏这些受害者在无谓的悲剧中所表现出来的勇气。我思索过，飞到一个陌生国度并对自己不认识的人袒露心底最深的痛苦，得需要多大的勇气。这些人每一个都是英雄。他们信任了，倾听了，学习了，并且宽恕了，康复了。

那些在痛苦、分裂的社会中目睹自己的家人被杀的人们都学会了宽恕，这应该能给我们所有人以希望。

第三部分 成为一个宽恕者

一个智者将会尽快去宽恕,因为他知道时间的真正价值,他不会在无谓的痛苦中煎熬至死。

part three

第 9 章

治愈伤痛的宽恕技巧

☆转换频道　☆"感恩"呼吸法
☆内心专注法　☆重新关注积极情感技巧

> 一个智者将会尽快去宽恕，因为他知道时间的真正价值，他不会在无谓的痛苦中煎熬至死。
>
> ——塞缪尔·约翰逊（Samuel Johnson）

在前 8 章中，我探讨了我们为什么会形成不满以及如何形成了不满。我对宽恕进行了界定，并给出了我们为什么需要把宽恕作为备选项的一些理由。我描述了一些研究，这些研究都证实了宽恕对于身体和心灵的治愈力量，我在其中强调了我自己的研究。现在，我将教你如何去接受以上提出的观念：去宽恕任何人，包括你自己。

现在是去治愈你的不满的时候了。在第 6 章中，我强调了宽恕的三个前提条件。它们是：知道你的感受，知道什么是错的，以及向一些值得信任的人去诉说发生的事。如果你已经完成了这些步骤，你便准备好去学习宽恕了。

我并不是说，你会觉得宽恕是容易的，或者你应该选择去宽恕所有伤害过你的人。我想确定的是，当你满足了这些前提条件，宽恕便会成为一个极其有益的选择。

宽恕的障碍

但是首先，让我们清除宽恕的一些常见障碍。第一个便是，**我们往往把不可饶恕的冒犯和无法宽恕混为一谈**。我发现，这一误解让人们更难去宽恕。我经常遇到这样一些人，他们把自己缺乏宽恕的动机和自己觉得某个冒犯是不可饶恕的混淆了。这些人即使很多次都满足了宽恕的前提条件，他们也很难放弃他们的不满。他们抗拒宽恕这一观念，反而去争辩他们所受到的冒犯是否不可饶恕。

我在第1章中提到的迈克就是一个很好的例子。在一次上课时，我在黑板上写下了宽恕的三个前提条件，并说我们现在准备开始了。迈克举手说，他不认为这些条件会让他宽恕。他所遇见的事是不公平的，因为他得到承诺可以当网页设计师，现在却要做科技写作的工作。难道我没有看到他被欺骗了？人们怎么能宽恕骗子呢？宽恕撒谎的人难道不是错误的吗？这样做难道不是意味着让他们逃脱责任吗？

我让迈克想象一下，假如在他名下有2000万美元存在瑞士银行里。只要他满足了一个条件，这笔钱就是他的：他同意不再苛刻地去考虑他的不满。他要去想象，银行家有一个思想探测器，能够知道他是否还对他的老板怀有消极的想法。如果他们抓住了他有报复或愤怒想法，他将丧失这笔钱。我问他，在这个情境中，他是否会放下他的不满。

迈克回答说："我当然会了。我妈妈养大的可不是一个傻瓜，只有傻瓜才会放弃2000万美元。"于是我对迈克说："我们真正谈论的是你的宽恕动机，而不是你的老板是否应该或能够被宽恕。显然，宽恕你的老板是可以的；你只是需要一个充分的理由，才愿意这样做。"然后我又说道："在我看来，如果那份奖赏足够多的话，你是愿意宽恕你的老板的。对吧？"他看起来有些困窘，说道："对，我想是吧。"迈克认识到，阻碍他的不是对方的不诚实行为，而是他是否有足够的理由去宽恕。

在回答我的关于 2000 万美元报酬的假设时，有些人告诉我，他们在原则上是不会为了钱去宽恕伤害者的。我发现这个逻辑是没有说服力的，特别是因为一点：如果有人伤害了我，我当然乐意得到了钱，还不再受苦。此外，我想知道为什么有人还想承受因一次不公正事件而引起的更多的痛苦。放弃 2000 万美元看上去像是很多的痛苦。我向他们描绘了这样的画面：一所很好的海滨房子，用不完的钱，能够并且只需要去做自己喜欢的事。对于那些觉得钱的比方不恰当的人，我提出了另一个问题。丹娜——那个错过了工作晋升机会的女人，就是这样一个人。在我继续讲述之前，我想提醒你一点，这第二幅画面对有些人来说是难以奏效的。

我让丹娜想象一下，一把上了膛的枪正紧对着她的右太阳穴——一根发痒的手指正扣在扳机上。这幅画面是：有人持着枪，一待许可，瞬间便会杀掉你。丹娜唯一的出路便是放下她的不满。她唯一的选择是从思想中消除关于冒犯者的消极想法，这样她才会被安全、健康地释放。

在想象了这个画面之后，丹娜看上去动摇了，并说她当然不愿意因她的不满而被杀害。她的语气是确定的，我也同意她的观点。不过，在我看来，同样确定的事是，不满以许多方式伤害着我们，并不需要一把子弹上膛的枪指着我们，才能激发我们做出改变。有趣的是，我还没有发现谁在这个情景中仍然坚持他或她的不满。没有人愿意为坚持痛苦和愤怒而献身。

不幸的是，我们中有许多人多年间都因为未能放下不满而遭受痛苦。在第 7 章中，我曾说明：宽恕有许多被证明有积极的效果，不满、愤怒和抑郁则是有害的。我确信，保持不满会伤害到你的心理健康、你的人际关系，同样也会伤害到你的身体健康。除了愤怒和痛苦之外，丧失欢乐、爱和亲密关系也会损害不能宽恕者的生活。请不要选择做这些人中的一员。请选择去学习宽恕。

好消息是，对于宽恕而言，我们比我们所认为的要准备得更为充足。我们的主要障碍不在于冒犯本身，而在于缺少可供使用的方法。我们只能想到，我们所受到的冒犯本质上是不可饶恕的。然而，如果我们环顾四周，我们会发现有人曾宽恕了同样的冒犯。请记住：我教授过的人们中，有人取得了显著的进步，进而宽恕了无端的暴力。对于每个人来说，没有什么冒犯是不可饶恕的。如果你找找看，你会发现有人在相似的情境中做到了宽恕。

当你将自己置身于上面提到的那一个或两个情景中，你会看到，阻碍宽恕的一个主要动机是犹豫不决。我们感到动机不足，是因为缺少像财富或死亡这样令人信服的理由，当我们宽恕了，我们不知道自己感觉有多好。我们不知道是否值得为宽恕付出努力。因为我们缺少宽恕的方法，这份努力让人感觉是难以应对的。

运用宽恕方法的动力基本上是收回你的力量，你曾经把这种力量给予了过去，让过去毁掉了你的现在。我们时常忘记了一点：宽恕是为了我们自己，而不是为了冒犯者。宽恕绝不是纵容残酷的行为或不好的待遇。宽恕让我们重拾内心的宁静。

什么是不管用的

除了缺乏动机和训练不足之外，我们还面对宽恕的另一个障碍，那便是一直以不管用的方式去应对伤痛。当我们受到伤害时，我们不知道如何能少遭受一些痛苦，如何找回内心的宁静。我们每个人都试图以各种解决办法去应对这个问题，但有的解决办法相比于别的更管用。只要我们不再做不管用的事，我们就会少一些痛苦，并对新的解决问题的办法敲开了大门。让我给你们举个例子吧。

爱丽丝（Alice）和她的公公婆婆从来都处不好。她和赫休（Hugh）很年轻时就结婚了，并立即要了一个孩子。一年以后，他们又生了第二个孩子。他们结婚后的前一些年过得挺艰难，而赫休父母亲的严厉批评让这样的日子雪上加霜。赫休的父母总是告诉爱丽丝和赫休哪里做得不对，他们自己那一代则要好得多。爱挑别的公公婆婆扰乱了他们的生活，爱丽丝和赫休都不欢迎他们到家里来。

爱丽丝尝试了她能想到的一切办法去解决这个问题。她尝试过与他们对质。她尝试过在他们来访时什么话也不说。她尝试过在和他们通电话时表现出过度的友好和热情。她尝试过向赫休抱怨。她尝试过威胁赫休，让他的父母不要再来了。她尝试过对赫休发牢骚，而且她尝试过指责赫休不在乎她的感受。爱丽丝尝试过的这些事情，没有哪一件能够改变她的公公婆婆，或者让她与赫休的关系变得更好些。不论她怎么做，公公婆婆仍然令人不快，依然故我。

我让爱丽丝把她能想到的、应对她公公婆婆问题的所有策略列个清单。然后，我让她在那些她已经试过的无效策略边上做个星号标注。所谓的无效策略就是那些既不能有助于她感觉好些，也不能改变她公公婆婆行为的策略。

我告诉爱丽丝，她至少能够承认她的策略"不管用"，然后不再用了。如果她从来不重复去尝试那些无效的策略，她是能提升自己的生活质量的。她受苦是因为这些策略不管用，还因为她没有管用的策略。她至少可以通过不再用"不管用"的策略，来解决她的部分困难。

当爱丽丝按我说的去做时，她发现她尝试过的一切策略都不管用。她与公公婆婆之间的问题仍然存在。她也看到，她继续在使用那些无效的策略。每当她尝试这些不管用的策略时，爱丽丝就生她公公婆婆或丈夫的气。当她面对这个无效策略的清单，坚信自己不再使用它们时，新办法实际上就浮现在她脑海里了。这些新策略包含这样一些话：随它去吧，宽恕他们，放轻松。然后，爱丽丝认识到哪些策略是不管用的，她也能够轻松地去检验一下宽恕和放手是否管用。她发现它们是管用的。

宽恕是实用的

在尝试宽恕的过程中，我提及的这三个障碍是常见的。我把它们提出来，是因为承认这些障碍是我的实用的宽恕方法的一部分。我对宽恕的界定集中在心灵宁静的益处上，并且我将我们形成不满的步骤进行了分解。找回内心的宁静并不需要太复杂的办法。

请记住，所有不满的形成都始于一点，即在人们的生活中，他们不希望发生的事发生了。以这种最初的不愉快为起点，他们太过情绪化地对待事情，将自己的感受归罪于冒犯者，并讲述不满的故事。不满意味着脑子里装进了太多的伤痛和愤怒。在第6章中，我将宽恕界定为宁静的感觉，当你做到以下几点时，它就出现了：

- 不那么情绪化地去对待伤痛
- 对你自己的感受负责
- 在你讲述的故事里做一位英雄而不是一位受害者

我竭力主张你记住关于宽恕的这个界定。首要的是，它是一个实用的界定。你的目标就是要心绪宁静。当你治愈你的不满——少责怪一些、对自己的感受负责并改变你所讲述的故事时，宁静的心境便随之而来。我把它称为平静的宽恕。当你感到越来越平静，你便迈向了自己的目标，从你的不满中恢复过来。你就在学习宽恕了。

在我对宽恕的界定中，有三个组成部分。至关重要的部分就是我们所讲述的故事。当我们讲述一个受害的故事时，我们已经在太过情绪化地对待事情了，并把我们的感受怪罪于冒犯者。当你讲述一个你英勇克服不公平境遇的故事时，你自然就减少了责怪，也不那么情绪化地对待事情了。不过，直接去改变一个反复演练过的不满故事是很难的。

为了避免这一困难，我建议你从对自己的感受负责做起。我们必须记住，我们对自己的情感体验负有责任。我们的过去对于我们现在的感受是没有责任的。仅仅是因为：某件不愉快的事情在过去发生了，或者在将来可能会发生，但这并不意味着日复一日的光阴就应该被毁掉。困难、不公正的待遇和不友善的行为并没有延长保修期。当我们给予伤害者以过多的力量，让他们掌控了我们的情绪，我们就会变得无助。只有当我们把这种力量拿回来，并对自己的感受负责时，我们的痛苦感受才会消失。

我在这里传授两个补充技巧，它们可以帮助我们收回我们对于自己感受的责任。第一个技巧是容易实践的，每个人都可以做到。它便是：不要看不到我们生活中美好的事物。这听上去简单，但也要付出一些努力才能做到。这意味着我们要花费时间和精力去发现我们生活中的美和爱，以平衡我们在怨恨、不满和创伤上耗费的时间。第二个技巧便是去实践"重新关注积极情感技巧"（PERT, Positive Emotion Refocusing Technique），当我们感到烦闷、痛苦或愤怒时，立即减轻我们的痛苦。"重新关注积极情感技巧"是一项简单的技巧，当我们感到烦闷时，它能起到减轻作用。我将在本章的末尾部分讨论这一技巧。现在，我想带你领略一下第一个技巧：发现你生活中积极的事物。

宽恕的其他两个组成部分对于对自己的感受负责都是重要的。它们会让你感觉变好，减少创伤的威力，不至于毁掉你数天、数周和数月的时光。请记住，对自己的感受负责并不意味着你必须得喜欢发生过的事。负责仅仅意味着，我们才是控制自己情感反应和行为反应的人。宽恕不是去关注过去发生的事，也不是继续心烦或心怀怨恨。你过去可能受到了伤害，但你的心烦意乱是现在的。宽恕也好，不满也好，都是你现在的体验。

我们的父母可能在1978年做过些不好的事情，这并不意味着我们在2002年7月7日下午4:15还得感到烦闷。或者，我们的情人可能在1996年欺骗了我们，这并不意味着我们在2001年8月4日上午9点还得感到愤怒。或者，我们与一位兄弟姐妹的关系可能出现了一点困难，这并不意味着我们在10月第二周的空闲时间里还得感到厌恶和愤恨。

我想澄清的是，对自己的感受负责并不意味着所发生的一切是你的过错。你没有让父母去伤害你，或者让恋人去欺骗你。你没有让车来撞你，或者让疾病来袭击你。你没有让你的老板发牢骚，你也没有让天气来毁掉你的假期。尽管你没有导致这些事情发生，但是自打那些经历发生时，你就对你的想法、行为和感受负有责任。这是你自己的生活，它们是你要去控制的反应和情感。

用你的遥控更换频道

负责首先意味着，即使我们受到了伤害，我们也继续努力去欣赏生活中美好的事物。当我们理解了痛苦是生活的一个正常组成部分时，我们便努力去正确对待我们的伤痛。我质疑这样一种常见的看法，即认为我们所感受到的伤痛要比感受到的美好要更真实。我质疑这样一种断言，即认为痛苦的经验某种程度上比落日之美所带来的狂喜或我们对自己孩子的爱更加深刻。

我们有许多人把太多心思纠缠在不满上，而不是去关注感激、爱或欣赏大自然。我在这里想说的中心意思是，当你在生活中融入更多的积极经验，你的伤痛的重要性就减小了。事实上，这是对自己感受负责和开始宽恕的第一步。如果我越来越多的心思都用来欣赏我的孩子或雨天的乐趣，结果用来考虑伤痛的时间和精力就少了。

为了帮助你理解这个观点，我想和你分享一个有用的比喻。想象一下你在自己脑海里看到的东西正呈现在一个电视屏幕上。把你看到和听到的内容想象成一个电视节目。你在家中对着电视屏幕，用遥控器更换频道，选择你想看的节目。当你想看恐怖电影时，你可能得换到6频道。要看爱情故事，你得观看14频道。要观看自然节目，你得选择51频道。通过控制遥控器，你决定播放什么电视节目。

如此看来，不满可以视作遥控器一直停在不满频道上。对我们有些人来说，比如丹尼斯（Denise），这意味着无休止地播放《我的父母真烂》。对其他人来说，比如迈克，反复播放的是《撒谎的、可恶的烂老板》中的情节。在人们的不满频道上，播放着如此多的节目，他们都不必等到夏季节目重播。我们许多人心怀不满，可能把播放不满频道的遥控按钮都磨损了。《我的生活不公平》经常给站票观众播放。《我的父母虐待了我》则是一部大家再熟悉不过的催泪剧。

我所面临的挑战是要教会你去重新控制遥控器。我希望你定期地把遥控器转换到感激、美、爱和宽恕频道。这些频道的节目总是列在《电视指南》上，总是在有些人的电视上播放着。莎拉的丈夫吸毒、欺骗她，然后离她而去，但这并不意味着她的感激和美的频道就必须闲置不用。总是有美丽的落日等待我们去发现，或者报纸上总有英雄的善举或故事等待着我们去阅读。

人们经常会发现，将频道转换到宽恕、感激、美和爱上，说来容易做来难。他们的遥控可能已经卡住了。如果你在自己的美或爱的频道上找不到可看的节目，你可以观看别人的接收信号好的电视。如果你在爱情上受了伤，当别人终成眷属时，你不要错过他们的欢乐。如果你没有恋人，但却有一只猫，就把猫放到你的爱的频道上。总有孩子的声音能带来会心一笑。总有一个时刻，我们可以去感激生活的馈赠。我们的每一次呼吸，都是珍贵的馈赠。

因为我在加州工作，所以我经常建议人们去重温大苏尔（Big Sur）频道。大苏尔是加州海滨的一个区，那里的自然风光美极了。大苏尔像约塞米蒂国家公园（Yosemite National Park）或大峡谷（Grand Canyon）一样，美丽无比。它是如此美丽，所以待在那里很难再心情低落。我让每个人都经常转换到大苏尔频道，是想提醒你们：美丽的大自然总在身旁。观看大苏尔频道和过去的任何伤痛一样真实。在遥控器上，它们只不过是一键之隔。我们不必从躺椅上起身。在我们的思想电视上，我们观看什么节目只是选择问题。

世界上充满了各种各样美的事物，有待于我们去欣赏和发现。问题在于，我们应教会自己该如何去看。宽恕和感激频道提醒我们，即使我们受过伤害，我们也不必将注意力集中到那个伤害上。爱和美的频道提醒我们，我们每时每刻都可以选择和决定我们看什么、听什么和体验什么。

我们身上有一个东西是别人无法剥夺的，即我们把注意力放到什么上面。换句话说，我们独自掌握着我们的遥控器。如果我们养成了观看不满频道的习惯，请记住，任何习惯都是可以改变的。世界上充满了这样的英雄，他们将自己转换到胆量或勇气频道，从而克服了困难。我们每个人都可以成为英雄，然后，其他人将在他们的电视上观看我们的生活，并因此而受益。

当你将频道转换至感激、爱、美或宽恕时，你也让自己的身体得到了休息。当你关注你的问题和不满时，你的身体便处于压力之下。你身体中的压力性化学物质开始活跃，你感到疲倦和崩溃。你将自己的悲痛怪罪于冒犯者，感到无能为力。你实际上以这种方式把压力反应所导致的损害累积起来了。

对于那些遥控器已经有点破损的人，我可以提供一些建议，让他们更好地去接收感激、爱、美和宽恕频道。这些建议中的每一条都被人实践过，也被证明是有用的。

感激频道

- 走进最近的一家超市，感谢食物的充足。
- 去一家养老院或医院，感谢自己有健康的身体。
- 开车时，从心底里感谢遵守交通规则的每一位司机。
- 如果你有另一半，感谢这个人关心你。要特别注意每天都这样做。
- 提醒自己，感激父母给予你的每一份关爱。
- 注意商店里的售货员或店员，感谢这个人为你服务。
- 在家中，感谢所有为你的家具、家电和食物付出过劳动的人们。
- 每天早晨当你醒来时，感谢自己还活着以及生命的馈赠。

美的频道

- 堵车时，注意一下天空之美，或者鸟和云朵非凡的运动轨迹。
- 在操场边驻足，观察小孩子们欢快的玩耍。
- 找到一处你可以常去、你最爱的自然景点。记住那个地方的样子和身处其中的感觉。
- 在电视上观看自然类节目。
- 全身心地欣赏一首你最爱的音乐作品。
- 放下脚步，吮吸自然的气息和美景。
- 留意一下，精心准备的食物看起来和尝起来是多么美妙。

- 观察花朵的美与奇妙之处，特别是那缤纷的颜色。
- 注意一下，你爱的人看上去是多么的有魅力。
- 去一个动物园，为动物的多样性而惊奇。
- 想象一下大苏尔地区的美景。

宽恕频道

- 寻找宽恕过他人的人，请他们告诉你他们的故事。
- 当你做到了宽恕时，记住提醒自己你可以做得到。
- 有些书籍讲述的是人们如何成功宽恕痛苦遭遇的，找些这样的书籍来阅读。
- 看看在你的家庭中有没有宽恕的故事。
- 学着去宽恕你所受到的最小冒犯。
- 学着去宽恕，哪怕一次只有一分钟。
- 宽恕道路上在你前面加塞的司机。
- 想想有多少次你伤害了别人，并需要被宽恕。
- 留意一下这种情形：当你伤害了某人，他或她还友善地待你。
- 留意一下你多久才会自然地宽恕那些你爱的人。

爱的频道

- 寻找恋爱中的人们，为他们的快乐而开心。
- 去一家医院，观察那些在照顾病人的家人及他们表现出来的爱。
- 记住你生命中被爱的时光。
- 记住你生命中付出爱的时光。
- 给朋友打电话，告诉他们你关心他们。
- 在记忆中寻找父母对你的关爱。
- 问问自己，怎么做才能成为一个更有爱心的人。

- 问问某人，他或她什么时候感受到了真爱。

除了以上方法可以转换到积极情感之外，下面的两项练习也可以帮助你拭去遥控器上的灰尘。如果经常实践，这些练习会产生最佳的效果。

"感恩"呼吸法

1. 当你的日程安排得不是很满时，每天放松2至3次，把注意力集中到呼吸上。

2. 注意，让你的呼吸自由进行，不必做任何事情。把注意力放到腹部，当你吸气时，让气流缓缓地充起你的腹部。当你呼气时，有意地放松腹部，让它感觉起来软软的。

3. 继续按这种方法做大约3至5次缓慢的深呼吸。

4. 然后，在接下来的5至8次吸气中，默默地说"谢谢你"，以提醒自己感谢呼吸的馈赠，以及自己还活着是多么幸运。当人们想象自己的心中聚集着感激之情时，他们经常会有更强烈的反应。

5. 做5至8次"感恩"呼吸法之后，回到放松腹部的呼吸方式，再呼吸1至2次。

6. 然后再和缓地重新回到你的日常生活中去。

内心专注法

1. 采用一个舒服的、能够持续10～15分钟的姿势。

2. 随着呼吸的自由进行，和缓地把注意力集中到呼吸上。当你吸气时，让气息缓缓地充起你的腹部。当你呼气时，有意地放松腹部，让它感觉起来软软的。做大约5分钟这样的集中注意力练习。

3. 然后回想一段你和另一个人在一起、你感受到了强烈的爱的经历，或者一处让你沉浸到美和宁静之中的自然风景。做这个练习时，不要选择你试图去宽恕的那个人。

4. 当那段经历的画面在你的脑海里清晰起来时，尝试在此刻再次体验那时平静的、充满爱意的感觉。许多人喜欢想象，那种美好感觉正聚集到他们心中。

5. 尽可能长时间地保持这些平静的感觉。如果你发现自己的注意力转移了，回到第一步，让你的腹部自然起落。

6. 10~15分钟之后，慢慢地睁开眼睛，重新回到你的日常生活中去。

每周至少练习3次这种内心专注法。

宽恕练习

海伦（Helen）是一位30多岁、有魅力的单身女人。在我的讲习班上，她大多数时候都是安静地坐着听讲，不过，我经常发现她的眼角含着泪水。当她说话时，她的语调显露了她的愤愤不平。她总是抗拒宽恕的可能性，争辩说她的伤痛是无法弥合的。她说她的姐姐让她心碎，她永远也不能宽恕姐姐。

海伦和她姐姐一直处于竞争关系。琼（Joan）年长两岁，海伦记得自己因此而受到的不公平待遇。海伦说，在她们成长的过程中，琼是父母的最爱。最近，海伦和琼喜欢上了同一个男人。海伦开始和瑞克（Rick）约会，并把他介绍给了琼。没过几周，瑞克和琼就同居了。海伦崩溃了。她感到自己被背叛了，自己没有魅力。父母让她放手，因为琼和瑞克恋爱了。他们问她，为什么她不希望自己的姐姐快乐。

海伦很痛苦，因为几乎任何事情都会触发她失败的记忆。她愤怒无比，告诉任何可以告诉的人她姐姐是一个卑鄙小人。一天，我问海伦，为什么看不到她姐姐的时候她仍然很生气。她看着我，仿佛我是个疯子。我说："海伦，我看这间屋子里没有什么人或事是值得生气的。然而，我看你生气了。你的气从哪里来？"我想知道海伦是否已经形成了生气的习惯，并把它说了出来。我告诉她，她可能已经习惯于这些消极情绪了。

我断定，当我们受到伤害时，这种反应是常见的。我们经常陷入一种习惯中，即反复想起被背叛和不公平的待遇。我提醒她，她才是她大脑的主人，决定着怎样分配其中的空间。我走到黑板前，用图向她说明，她的姐姐是一架需要着陆的飞机，而她却让它一直在空中盘旋着。

然后，我领着班上的学员，指导他们想象着去欣赏一处安全、美丽的自然景观，这是将我们的"电视"转换到美的频道的一个例子。在想象结束时，我问海伦感觉如何。她回答说，她感觉不错，但是她不知道这与宽恕有何关系。我问她，当她生气时，引入这些平静的感觉是否会有所不同。她说，她认为这会带来不同。我提醒她，她刚刚体验过的那种平静感就是她的目标。

宽恕是一种实践，旨在延长你保持平静的时间。宽恕是你自己决定在你的电视屏幕上播放什么内容。宽恕是一种力量，它来自于你的认知：过去的不公平不必伤害今天。当我们有了美好的经历，比如感受到了美或爱的那些时刻，然后为了这些时刻，我们宽恕了伤害者。宽恕是一种选择，即把这些美好时刻延长到我们的余生中。宽恕在任何时候都是可以实现的。它完全在你的控制之下。它不必依赖别人的行动；它是你自己一个人就可以做出的选择。

我提醒海伦，她的目标是在生活中学会经常感觉良好。当海伦想象一个美的场景时，在那短暂的几分钟时间里，她的姐姐是伤害不到她的。由于痛苦的事发生在过去，她姐姐可以再次伤害她的唯一方式，便是海伦把注意力集中到那次背叛上。对海伦来说，关键的事情是去控制她的思想，以及因此而产生的情绪。

海伦认识到，她的感受与她的"电视"上播放的内容直接相关。由于海伦无休止地把注意力集中在她姐姐身上，她就会对痛苦感到不知所措。她感觉良好或平静的时候，也正是她宽恕了她姐姐的时候。我让她想象一下，她的目标是延长这些平静的时光。我告诉海伦，她拥有独自的决定权，可以决定她要经历多长时间的平静。

重新关注积极情感技巧

我们对自己的感受负责，第一步是提醒自己去发现生活中好的和美的事物。我们已经了解了这一过程的三个组成部分。首先是擦拭我们的遥控器，这样我们便能够发现我们的美、爱和宽恕频道上播放着什么内容。其次是每天练习几次"感恩"呼吸法。这种呼吸法会帮助我们放松，并提醒我们：生活中最重要的馈赠就是生活本身，而我们可能没有完全去欣赏它。第三个方面是每周留出大约一小时，练习内心专注法。它帮助我们学会缓慢的深呼吸。它帮助我们放松，教我们发现良好的感觉，并把它们带到当下。

这三步帮助我们重新关注积极的情感，阻止痛苦或烦闷的时光延长下去。它们并不是专门为了某个特定时刻而采用的，比如当我们看到某人或想起某个痛苦的记忆导致我们感到非常烦恼时。当我们需要不同的做法时，它们都是有用的。当一个痛苦的经历浮现在我们的电视屏幕上，重新关注积极情感技巧可以给予我们帮助。

重新关注积极情感技巧是有益的

我们需要学会在任何情境中都能保持平静，无论多么烦恼。当我们突然面对某个痛苦情境或记忆，却能够保持积极态度时，我们便获得了极大的自信。练习重新关注积极情感技巧可以帮助我们保持平静，这样我们就能做出正确的选择。

当你面对一个狂暴的老板时，实践重新关注积极情感技巧能够防止你陷入愤怒和痛苦。在拥挤的高速公路上，它可以防止你因心烦而让形势变得更糟糕。当你准备去拜访一位你并不喜欢的亲戚时，实践重新关注积极情感技巧可以让你判断这是否是对你最为有利的选择。当你想起酗酒的配偶时，实践重新关注积极情感技巧可以防止你陷入绝望之中。

海伦开始去实践重新关注积极情感技巧，慢慢地她姐姐对她的威胁少了。在任何情境中，重新关注积极情感技巧都是有益的，无论你感到愤怒、痛苦、消沉抑或怨恨。我的一些学员，当他们想起前配偶或父母的虐待时，他们就实践重新关注积极情感的技巧。我的一些学员，当他们发现自己在一场持续的婚姻战争中无比伤心时，他们就实践重新关注积极情感的技巧。当你实践重新关注积极情感技巧并保持平静，你就会发现你的不满对你的控制力开始减弱。

练习重新关注积极情感技巧大约需要45秒，无论何时何地都可以进行。没有人知道你在做这样的练习。当你在争吵中需要保持冷静，或者当你的恋人离你而去时，你都可以实践它。当你需要坚定自信并担心冒犯者的反应时，你可以去实践它。重新关注积极情感技巧是我所知道的最强有力的技巧，它可以帮助你持续控制自己的情感。当你实践它时，伤害过你的人的威胁变小了。你消除了他们伤害你的力量，并代之以逐渐增加的自信和平静。

练习重新关注积极情感技巧

当你感到未解决的不满或某个持续的人际关系问题正在影响你时：

1. 缓慢地做两次深呼吸，同时把注意力完全集中到腹部。吸气时，让空气轻缓地充起你的腹部。呼气时，有意识地放松腹部，让它感觉起来软软的。

2. 在第三次完全地深吸气时，在思想中想象某个你爱的人的形象，或者一处让你满心敬畏和惊奇的自然景观。当人们想象到积极的情感正集中在他们的内心时，他们经常会有强烈的反应。

3. 练习过程中，呼吸时继续保持腹部柔软。

4. 问问放松的、平静的自己，你怎么做才能解决你的困难。

当我见到海伦时，她只有当谋划着去报复她姐姐或转移注意力时，才能感觉好一些。她神经紧张，疲惫不堪，每晚看许多部电影，试图让自己忙起来。她从不认为自己可以去控制情绪。她男朋友因为她的姐姐甩了她，她为此而生气万分——在她的思想中，这个结论就像早晨太阳升起一样自然。海伦从未意识到，她每天花两个多小时哀叹她的损失，只会让她一直感觉不好。再加上她每天几乎不花时间去考虑感恩，她一直闷闷不乐就是不可避免的了。

我告诉海伦，重新关注积极情感技巧比每天吃一品脱冰淇淋可便宜多了。绝望之中，她开始每天诚心诚意地练习这项技巧。起初，除了她熟悉的痛苦之外，她什么也感受不到。我告诉她，关键的任务在于把注意力放到腹部，而不是她的悲痛上。假以时日，积极情感会到来的。

海伦每天都练习，持续了两周。最后一次，她能做到想起她姐姐时，不再反应得像一个被人操控的木偶了。通过练习重新关注积极情感技巧，海伦可以控制自己的情绪了，也变得更自信了。随着这一步的实现，海伦开始考虑她的生活愿望了。她开始想知道自己为什么在琼身上耗费了这么多时间。她认识到，她在思想上太过纠缠于琼了。她也认识到，如果瑞克这么轻易就离开了她，她的做法也绝不会对他发生作用。

海伦完全不理解，在这数月之中，每当琼浮现在她的脑海里时她为什么会生气。重新关注积极情感技巧、内心专注法、感悟生命呼吸法以及转换到美的频道，这一切赋予了她第二次机会。在学习宽恕之前，海伦听到的只是自己的伤痛和愤怒之音。在练习这些技巧之后，她也就转向了充满爱心的、平静的自己。发现自己身上的这些品质——它们从来没有丧失，只不过是未被注意到而已，让海伦回到了自己的生活中。

许多人仅仅通过练习重新关注积极情感技巧，便找到了安慰。有些人上了我的训练课程后学会了宽恕，从我描述过的情形中走了出来，继续前行。他们看到，关注自己的不满所造成的伤害较之于冒犯者更甚。通过练习重新关注积极情感技巧、内心专注法以及感悟生命呼吸法，他们拥有了控制自己情感的力量。重新关注积极情感技巧连同内心关注法、重温美与爱的频道，这些都是强有力的手段。

我并没有打算把重新关注积极情感技巧作为一项单独的练习，但是有它常常也就够了。不过，我的宽恕方法实践起来就像是剥洋葱。剥洋葱需要时间，它有许多层。这一过程的第一步是寻找美与爱，其决心应当与想到不满和痛苦一样坚决。第二步是练习内心专注法和感悟生命呼吸法。第三步是练习重新关注积极情感技巧。

我想要你做的是，开始每天都练习我在这章里提供的技巧。变身为一个科学家，把你的生活当成一个实验，看看你能感觉有多好。

第 10 章

把无法执行的原则转变为愿望和希望

> 如果你对任何外在的东西忧心忡忡,痛苦并不是来自于事情本身,而是来自于你对它的判断——这是你在任何时候都有力量去取消的。
>
> ——马尔库斯·安东尼厄斯(Marcus Antonius)

第 9 章介绍的四项技巧将会提供很大的帮助,让你从伤害过你的人或事那里收回你的力量。每项技巧都需要练习,但是效果几乎是立竿见影的。当你感到愤怒和烦恼时,练习几次重新关注积极情感的技巧,你将注意到显著的变化。练习内心专注法和"感恩"呼吸法,你将会形成良好的习惯,这些习惯有助于重新关注积极情感技巧产生效果。练习发现感激频道,你会看到你需要宽恕的东西变少了。你很快就会以一种不同的、更好的方式去看待世界。人们反馈说,他们感到更坚定自信了,与别人在一起也感到更轻松自在了。随着你学会自然转换到感激、美和爱的频道,一个充满值得欣赏的事物的世界也会出现。

许多人仅仅通过实践这些方法,就获得了治愈、学会了宽恕。有的人仅仅通过实践重新关注积极情感技巧,就从他们的不满中走了出来,而有的人则需要数周的时间去收看他们那模糊的感激频道。在这一章和

第 10 章 把无法执行的原则转变为愿望和希望

下一章中，我将教你其他的宽恕技巧，它们将扩充你已经学到的内容。

比尔（Bill）是一位中年男人，他参加了我的一个一整天的宽恕训练课程。他坐在教室后面，上课时一言不发。他面无表情：我开玩笑时，他也不笑；我劝告学员宽恕时，他也不皱眉头。课程快结束时，他走到教室前面，开始谈话。他说他已经对他的生意伙伴汤姆（Tom）生气大约 8 个月时间了，因为他的搭档做了一个决定，买入了一家新成立的网络公司的股票。关于要不要买这个股票，比尔和汤姆争吵过。比尔认为这太冒险了，两个人同意等等看再做行动。在他们会面之后，汤姆瞒着比尔，立即购买了该公司的股票。

比尔大概一周以后才知道此事，他极其愤怒。让他感到愤怒的是背叛、经济损失和欺骗。他感到自己不能再信任搭档了。毕竟，他们共同做出的决定是"再等等看"。当比尔发现搭档偷买了股票后，他查看了股票的价格。当他发现那支股票已经贬值了差不多 30% 时，他更愤怒了。

当比尔面对汤姆时，他很快就发现，汤姆还不知道他为什么如此气愤。汤姆说，那份交易太好了，不容错过。他认为，当交易获利时，比尔会高兴的。当比尔质问他为什么背叛了自己的信任时，汤姆说他偶尔必须去做他认为最好的事情。汤姆还说，他们应该等一段时间再卖掉那支股票，因为股价当然会回升的。当比尔来参加我的课程时，股价还未恢复，比尔和他的搭档持有那家公司的数千份股票，而股价与他们买入时相比已经跌了 40%。

可以理解的是，比尔还很愤怒。比尔身处他不能控制的情境中，感到极其难受。他讨厌搭档的行为，他痛恨自己损失了钱财，而且他还恨自己对这一切无计可施。当他走上来与我交谈时，他是想告诉我，课程帮助了他。

他告诉我，从他开始缓慢地做腹部呼吸时，他就感到平静了一些。从午休时间开始，他练习了多达几百次的重新关注积极情感技巧，这起到了效果。他仍然不赞同搭档的行为，但是它不至于让他丧失平静，或者毁掉他们长达 21 年的商业友谊。比尔知道了他可以去控制自己的感受方式。他认识到，他或许不能控制搭档的行为，但是他可以控制自己的反应。

重新关注积极情感技巧、内心专注法和"感恩"呼吸法，它们的目标是改变你的感受方式。练习这些技巧会提升我们的平静感，有助于我们重新控制自己的情绪。除了感到更加平静、痛苦减少了之外，它还有一个意外的效果，即我们可以更加清晰地去思考了。

比如，比尔在课程开始时思考的是去结束 21 年的商业友谊。经过多次练习重新关注积极情感技巧后，他平静了下来，他能够全面客观地看待搭档的行为了。比尔之前不能清晰地思考，是因为他试图去执行一个不可执行的原则。在比尔心中，他的搭档必须始终值得信任。当比尔冷静了下来，他从长期的生意目标出发，调整了自己对搭档的期望。他也明白了，有时即使是好朋友和生意伙伴，也会做出我们不喜欢的举动。

比尔的经历并不是唯一的。当我们生气时，我们都会受制于混乱的思维。我们时常以为，我们疲惫的大脑能够清晰地思考。在我看来，清晰地思考便是能够将注意力集中到我们是否有机会获得我们想要的东西上。当我们清晰地思考时，我们会问这样的问题："得到我想要的东西有很大的可能性吗？"如果答案是"不"，那么一个清晰思考的人会放松下来，努力去发现其他的、最有希望实现的方案。不能清晰思考的人会发怒、痛苦和沮丧。他通常会变得充满抱怨，如果不加检省的话，这些抱怨就会导致痛苦和丧失希望。

通常，当我们不能清晰地思考时，我们就会试图去执行不可执行的原则。我们所面对的问题是，不可执行的原则得以实现的可能性接近于零。

在每个令人沮丧的情境中，我们总能做一些事情去改变我们的思想和感受。接下来我将教你如何去挑战你的不可执行的原则。在我继续讨论之前，我想提醒你，除了改变你的思想和感受之外，你还可以采取行动去改变你的处境。比如，比尔可以离开他的生意伙伴，以确保他不会再买入股票了，或者丹娜也可以去找另一份工作。

当人们愤怒、痛苦或沮丧时，他们所面对的问题是，这些情感让他们难以做出好的决定。当我们在愤怒和痛苦的感情上再加上责怪，那么做出正确决定就变得更难了。当你坚持认为，自己的不可执行的原则必须要遵循时，你犯下的错误便很个人化了，做出正确决定变得几乎不可能了。

挑战我们的不可执行的原则

在第9章中，我们学习了重新关注积极情感技巧、内心专注法、"感恩"呼吸法，以及转换自己的频道，我推荐你将它们作为宽恕的基础练习。下一步便是挑战我们的不可执行的原则，这样我们才能形成现实可行的希望和愿望。我将教你如何清晰地思考，不那么情绪化地对待冒犯。为什么呢？因为**坚持不可执行的原则是我们情绪化地对待事情的根本原因**。

在第2章中，我评述了太过情绪化地对待冒犯的危险。现在，我想阐述的是，通过挑战这些不可执行的原则，我们可以消除不满进程的控制。当我们挑战我们的不可执行的原则时，我们便进入了学习宽恕过程的下一步。

作为例子，我们可以重温一下第5章中那个饱受折磨的警察。这个警察坐在一辆发动不了的车中，停在高速公路的一边。随着一辆辆的车超速驶过，而他又无力去干预，他感到很受挫。因此，他现在感到紧张、沮丧和无助。他执行不了公务，无论是他还是那些超速的车辆，都不能执行他的不可执行的原则。我在第5章中提出了一个问题，"当你无法执行你的原则时，你该怎么办？"这里将给出答案。

那个警察有一个原则，即车辆不应该超速。社会付他工资，让他给超速的汽车开罚单。不过，无论是法律还是他的权威，都无法阻止超速的司机。他的原则是不可执行的。生活中要记住的一个教训是，无论原则有多好，总是有人要打破的。

关于他的车该如何运转，那个警察也有一个原则。这条原则是，警车的引擎应该总是能够发动起来。他期望每次转动车钥匙的时候，他的车都能发动起来。但是不管他多么努力地转动钥匙，他的车就是发动不起来，因此这条原则也是不可执行的。汽车修理厂也无数次地证实，这个原则是靠不住的。

那个警察对于自己的行为也有一些不可执行的原则。在他的思想中，一个好的警察总能给超速者开出罚单。一个好的警察总能预见到车辆故障，不犯错误。那个警察对于自己有严格的高标准，这让正常人受不了，让汽车出故障都成了一件不可饶恕的事。这些标准中充满了不可执行的原则，这些不可执行的原则让他感到愤怒、无助和沮丧。

他的原则是不可执行的，因为他没有能力让他希望的事发生。那个警察的每一条不可执行的原则都是事关对错的个人声明。他的原则都是他对特定事情如何发展的蓝图。不幸的是，超速的司机们按照不同的原则去行事。或许，他们的原则是，按时上班比不超速更重要，或者只有当其他人都遵守限速规定时，他们才会这样做。

对于车辆性能，制造警车的人有着不同于该警察的标准。他们设计警车时，不会听警察的意见。车辆制造商的原则可能是，赚钱比制造一辆永远不出故障的汽车更为重要。

那个警察没有考虑到，其他人按照不同的原则行事。他认为他的原则才是正确的。他把违背他原则的行为当成了一种个人性的冒犯。这些感受并没有让他成为一个更好的警察。他无助地开着罚单，却又发不出去，这实际上让他变成了一位工作效率低下的警察。我们都处于与此相同的境遇中。无助地开罚单却又分发不出去，这不会帮助我们成为更好的父母、配偶、朋友或员工。

我们每个人都像那个警察一样，当我们把破坏不可执行的原则当成个人性的冒犯时，都会体验到悲痛。坚持不可执行的原则会让生活变得更艰难。情绪化地对待不可执行的原则可能是危险的。在第2章中，我已经向你说明了太过情绪化地对待他人的行为的问题。这种情形发生的一个方式是，你的一个不可执行的原则被打破了，你把它当成一种个人性的冒犯。当别人破坏了我们的不可执行的原则，他们也往往破坏了我们珍视的东西。然后，即使我们处于痛苦中，我们也往往坚持我们的原则，而不是检省这些原则是否讲得通。

好消息是，挑战不可执行的原则是一个简单的过程。不可执行的原则是明显能看得到的，你不必费力去发现它们，它们不是隐藏的。每当你对他人的行为生气超出适当的限度时，都是因为你在试图执行一项不可执行的原则。每当你对自己的生活生气超出适当的限度时，也是因为你在试图执行一项不可执行的原则。

除非你的某项不可执行的原则被打破了，否则你是不会愤怒或痛苦的。当你感到愤怒、痛苦、抑郁、被冷落或绝望时，你就可以确信某项不可执行的原则在发生作用了。我并不是说，没有不可执行的原则，我们就不会感到悲伤或沮丧。我也不是认为，有情绪是错误的。我想说的是，在你的最痛苦的情绪背后，是你正无助地试图执行的一些原则。当你开始感到烦心时，如果你致力于挑战自己的原则，那么你的坏情绪将不会持续下去，也不会那么严重。

挑战不可执行原则的六个步骤

挑战不可执行的原则有六个简单的步骤。第一步是简单的：认清你什么时候是烦恼的，承认自己此时此刻正感到烦心。实现这一步很简单，如同你在高速路上被某人加塞会发怒一样简单。你发怒，是因为你有一条原则，即别的司机不应在你前面加塞。你有力量去阻止他们那样做吗？没有。你的原则是可执行的吗？不是。结果，你感到愤怒和沮丧。为这次冒犯而写下罚单对你有任何好处吗？没有。这会让道路交通变得更安全吗？不会。你在接下来的三天中还继续开罚单，告诉你的朋友和家人那些高速路上的司机是多么糟糕，这会有益于你的身体或心理健康吗？不会，它破坏了你内心的宁静。

或者，实现第一步就如同以下的反应一样简单：当你想起自己受到了父母不好的教养时，你认识到自己在生气。乔安妮记得母亲对着她大喊大叫，要她得到更高的分数。她在学校里表现很差，而母亲对她的学习困难缺乏耐心。她的每个兄弟姐妹在学校里都表现不错，但是乔安妮从一年级起就很费劲。她记得每当自己被母亲大吼大叫时，她都感到紧张和伤心。每个记忆都让她萌生出愚蠢感和无能感。

在七年级时，乔安妮被发现有学习障碍，但她的母亲拒绝承认她有任何问题。母亲认为，乔安妮只是懒和笨。对乔安妮来说，幸运的是她的特殊教育老师能够说服她母亲，她有问题，但是可以矫正过来。不过，从那以后，乔安妮便记恨母亲。她记得自己的想法是，母亲太残忍和麻木不仁了，因而是不可宽恕的。

30年后,当我们见面时,乔安妮仍然这样想。她时常想起母亲的麻木不仁,并因此而生气。乔安妮此时已经46岁了。距她七年级时,已经过去33年了。然而,她还时常想起母亲的残忍,并因此而生气。乔安妮还在努力地执行一个不可执行的原则。她还想要一个充满爱心的母亲。她仍然有一个麻木不仁的母亲,尽管那只存在于记忆中。

乔安妮有一个原则,即母亲必须是善解人意的、敏感的。这作为愿望通常是美好的,但是作为原则却很糟糕。乔安妮的问题在于,她无法在1999年让母亲变成敏感的人,因为她还停留在1966年。我告诉乔安妮,她可能到死都在努力改变过去。每当她试图改变过去时,她都会变得更闷闷不乐。每当她闷闷不乐时,她都会责怪母亲。此外,每当她闷闷不乐时,她都强化了自己的无助感。

我引导乔安妮做完了挑战不可执行的原则的所有步骤。第一步是承认她闷闷不乐,而且这种闷闷不乐是在当下发生的。她在课堂上就能承认自己的闷闷不乐发生在当下。当乔安妮认识到这一点时,她开始能够采取行动自救。直到那时为止,她的过去都决定着她的当下,她感到无助,像一个受害者。

请记住,挑战不可执行的原则的第一步,是承认你现在心烦意乱,而不是昨天。如果心烦意乱是当下的,那么,你所坚持的不可执行的原则也必定是当下的。第二步是认识到,你的心烦意乱不仅是因为你的境遇,也因为你无法执行一个不可执行的原则。我提醒乔安妮,对她来说,她的不可执行的原则较之于她的母亲更成问题。任何人想要改变过去的事情,都会感到绝望。任何人要求他(她)的母亲去获得她并不拥有的敏感性,都会心烦意乱。我提醒乔安妮,许多人都有过父母养育不善的经历,因此父母的良好养育是一个通常会被打破的原则。

然后,我向乔安妮提供了挑战不可执行的原则的钥匙。我对她解释说，她的痛苦源于她把自己的愿望——拥有一位敏感的母亲——变成了一项原则，要求她的母亲必须遵循。希望有好的父母亲是一个正当的愿望。不幸的是，坚持要拥有好的父母亲则是造成灾难的因素。

当乔安妮坚持要获得她不能拥有的东西时，她变得心烦意乱。乔安妮把她希望拥有好的父母亲的愿望变成了一项原则，要求她母亲必须以此种方式行事。由于她母亲按自己的自由意志行事，并且不敏感，乔安妮便终生感到痛苦。

让我们再回顾一下挑战不可执行的原则的前两个步骤。它们是，首先要承认自己心烦意乱，并且知道自己当下正心烦意乱。第二步是提醒自己，我们竭力去写罚单源于我们的不可执行的原则。然后，第三步是坚定自己的信念，去挑战那些不可执行的原则，正是它们导致了我们如此痛苦。这意味着，我们要把注意力集中到改变我们自己的思考方式上，而不是导致我们心烦意乱的那个人身上。当乔安妮看到她的不可执行的原则给她造成了多大的痛苦时，她感到了绝望。她那个时候几乎愿意去尝试一切。第四步是去发现不可执行的原则。令人高兴的是，这一步比我们想象的要容易多了。

不可执行的原则只是你对美好事物的一种愿望或希望，却被转化成了你的预期或要求。这个愿望可以是关于爱、安全、身体健康、友谊、忠诚、金钱、性或者好成绩的。乔安妮希望有一位充满爱心的母亲，但是她把这个愿望变成了要求有一位好的母亲。丽塔（Rita）希望丈夫的性欲不要那么强烈，但是她把这个愿望变成了要求性生活少一些。我们没有人可以希望别人总是按照我们的意愿行事，因此别人经常会打破我们的原则。当我们努力去执行这些原则，而不是去挑战它们时，我们便犯下了错误。这一错误让我们付出了惨重的代价。

有些人终其一生都在努力让别人遵从他们的不可执行的原则。这些人抱怨他们改变不了的事。他们一直感到愤怒和不满，而没有认识到他们应该更清晰地思考。一旦你学会了如何去挑战你的不可执行的原则，你就会明白，改变你的思维方式要比让别人遵从这些原则容易得多。

乔安妮总是试图去改变母亲。她想让母亲变得敏感。乔安妮也试图改变她的过去。她想拥有《天才小麻烦》中那样一个和睦的家庭，却无法拥有。试图改变自己的过去让她每天至少有一段时间是心烦意乱的。

要发现自己的不可执行的原则，你应该扪心自问：我有没有要求别人待我更好一点？我有没有要求自己的过去比实际情形更好一些？我有没有要求自己的生活比实际情形更容易一些，或者比实际情形更公平一些？如果你发现自己以上面任何一种方式在思考的话，你就有不可执行的原则了。当我们没有力量让我们希望的事发生时，我们便因此而受苦。当我们努力去执行这些原则时，我们会越来越感到无助。最重要的是，当我们感到无助、愤怒或心烦意乱时，我们便知道自己正在试图执行不可执行的原则了。我们知道我们可以结束这一切，让自己少受些苦。

当你发现了一项不可执行的原则，你的目标是还原其作为愿望的本来面目，消除你附加于其上的要求。我极力主张，你们每一个人都可以热切地希望事情的发展如你所愿。同时，你要提醒自己，当你没有力量让事情以某种方式发生时，还坚持自己的要求就是愚蠢。

第五步随着第四步自然而至。在认识到自己的不可执行的原则之后，你可以通过将"希望"或"渴望"这些词替换成"无法实现的期望或要求"，有意地去改变你对自己的希望或需求的思考方式。

我建议乔安妮告诉她自己，她希望有一位对孩子的学习障碍很敏感的母亲。我还建议她告诉自己，她无法改变过去，但是可以希望有一个更好的未来并为此奋斗。我让乔安妮练习用这种方式思考。乔安妮一周后向我报告说，她感觉好些了，但还在努力适应如此不同的一种思考方式。

挑战不可执行的原则的第六步也是最后一步是，当你停止"要求"并开始"渴望"时，你意识到自己思维更清晰了，感觉好些了。我提醒乔安妮，宽恕的目标是平静感，这种感觉源于不那么情绪化地对待事情，对自己的感受负责。我向她保证，她迟早会习惯这种思考方式的，这将会给她带来宽恕和更大的平静感。

改变不可执行的原则的六个步骤

1. 承认自己感到痛苦、愤怒、被冷落、沮丧或绝望。承认自己的感受可能来自于过去的记忆，但你体验到这种感受是在当下。

2. 提醒自己：你感觉不好，是因为你正在试图执行一项不可执行的原则。

3. 坚定自己的意愿，去挑战你的不可执行的原则。

4. 通过问自己如下的问题，发现你的不可执行的原则："在我的人生中，哪段经历是我现在正在思考并要求它有所不同的？"

5. 在思想中完成这样的改变：从"要求"得到你想要的东西转变为"希望"得到你想要的东西。

6. 注意到如下的变化：当你期盼或希望事情的发展如你所愿时，然后你的思路就更加清晰了，你也感到更平静了。

当你渴望或希望拥有充满爱心的父母，而不是要求拥有充满爱心的父母时，一个主要的优点在于，你仍然对一种可能性敞开着大门，即你可能得不到你想要的东西。当你希望得到一个好的结果时，你努力让其实现。乔安妮想拥有一个敏感的母亲，乔安妮想获得充满关爱和支持的养育环境。她没有获得这样的环境，并且无法改变过去。但是在当下，她是有选择权的。当乔安妮把她想拥有一个敏感的母亲的愿望与她要求拥有一个敏感的母亲这一不可执行的原则混淆时,她感到愤怒,并且陷于过去之中。乔安妮的不可执行的原则没有为她去应对她实际拥有的父母留下余地。

让我们陷入麻烦的不是欲望、愿望和希望。拥有可爱的朋友、家人和恋人,这些愿望对我们的幸福至关重要。但是,当我们要求我们的朋友、家人和恋人按照我们想要的方式行事时,问题便出现了。我建议我们应该务实一些,接受这样一个事实,即他人是会带来伤害的。我想让我们少受一些伤害和痛苦,更多地去宽恕。

宽恕对于治愈伤痛是重要的。我确信,在执行不可执行的原则时,你所感受到的挫折对于你成功的动机是最大的威胁。当我们要求我们得不到的东西时,大多数人都可以相当容易地放弃,然后我们重新制定计划,以优化我们如愿以偿的机会。当我们希望拥有充满爱心的父母时,我们为制定其他计划留下了余地。当我们要求拥有充满爱心的父母时,就很少有回旋的余地了。

我想再次用那个受挫警察的例子,来说明如何去挑战不可执行的原则。首先,那个警察必须承认他现在心烦意乱,即便有些车超速驶过是一个小时之前的事了。其次,他要承认,他心烦意乱是由他关于超速司机和违规车辆的原则引起的,而不仅仅是由环境引起的。再次,他应该问自己如下问题:"我此刻所体验到的是不是我希望从头再来的事?"

那个警察明白,他希望路过的车辆不再超速,也要求他的车能发动起来。既然他明显是焦虑不安、心烦意乱的,他知道他的原则一定是不可执行的。他用片刻时间去练习重新关注积极情感技巧,并平静了下来。接下来,他开始挑战自己的不可执行的原则,直接告诉自己:"我希望车辆能遵守限速的规定。当我不能执行我所希望的原则时,我把自己搞得心烦意乱。我白费了时间和精力去努力坚持这些原则。尽管我想要司机们遵守交规，但这显然超出了我的控制。"

然后，那个警察应该挑战他对于警车的原则，因为对于他的车同样的问题也是存在的。他承认，他要求他的车能够发动起来，当它发动失败时他很生气。那个警察明白，希望他的车正常运转是更为健康的想法，然后，当它不能正常运转时，他再去做必要的事来补救。他心里想："在等待支援的时候，我或许可以做点文字工作。"那个警察提醒自己，当他可以清晰地思考时，他感觉好多了。

常见的不可执行的原则以及如何去挑战它们

关于常见的不可执行的原则，我想列一个短的清单。这不是一份详尽的清单，而且挑战它们的方法也不是唯一的。这份清单只是一个指南，为的是指明一些常见的不可执行的原则和一些务实地看待人生的方法。我希望这份清单和替代性的反应可以教会你如何不那么情绪化地对待失望和挫折。

- 我的配偶必须忠诚

第 3 章中提到的艾伦，发现他的妻子伊莱恩有了外遇，责怪妻子毁掉了他的生活。通过宽恕训练，他学会了挑战自己的原则——配偶必须忠诚。他发现，更务实的做法是说他希望妻子是忠诚的，因为他历经困难才认识到，他不能强迫她这样做。艾伦通过随后的夫妻关系了解到，选择保持忠诚是多么可贵，他要保持欣赏自己身上的这项天赋。艾伦可以友善、尊敬地对待妻子，最大可能性地让妻子忠诚，但却不能保证妻子忠诚。他了解到，爱和付出信任是有风险的。他发现，这么做的回报是巨大的，但却不能保证得到回报。

第 10 章 把无法执行的原则转变为愿望和希望

- 人们一定不能欺骗我

洛琳的丈夫拉里在外面待到很晚才回家，然后还撒谎找借口，她发现更务实的做法，是说她希望拉里是值得信任的。不过，她无数次地目睹了他的欺骗，并学会了问自己：为什么她丈夫就应该避免撒谎这个常见的人类问题。她认识到，婚姻是复杂的，在压力之下，人们会做出各种自私的和破坏性的事情。只要洛琳做出了与此相反的要求，她就是在蛮干，并相应地遭受了痛苦。当她变得不那么歇斯底里时，她对拉里提出一些重要的要求。当拉里没有做出改变时，她就从家里搬了出来，这迫使拉里与妻子商谈他是否想要维持婚姻。

- 生活应该是公平的

第 1 章中提到的丹娜觉得，她理应获得工作上的晋升。当这个机会被给予了别人，她哀叹道："这是不公平的。"她历经困难才认识到，更务实的做法是希望而不是预期生活是公平的。如果丹娜在工作中有最终的决定权，她会是一个快乐的人。不幸的是，她并没有这项特权，正如挑战和改变不可执行的原则的那 12 步做法所强调的，她得学会"根据生活本身的状况去应对生活"。

- 人们必须按照我希望的方式待我以友善和关爱

南森娶了一个女人，她经常说话直率，外表也是粗鲁的。南森要求妻子待他更和善一些。他忘记了一点，他不能强迫她这样做。南森必须认识到，预期一个做不到和善的配偶表现出特定方式的和善，这是蛮干的做法。南森的妻子是一个忠诚的、勤勉的配偶和母亲，而他却认为他们的婚姻需要挽救，因此，他让妻子去做婚姻咨询，以修复他们的关系。

- 我的生活必须是轻松的

我们中有许多人都忘记了一点，即希望获得财富和快乐的经历是很好的，但是预期它们发生就是危险的了。杰里（Jerry）总是哀叹他得努力工作，要做两份工作才能勉强维持生计。杰里开始去观察他周围的人，发现几乎每个人都面对着各种各样的挑战。他看到很少有人的生活是轻松的。因此他改变了自己的想法，"我喜欢一种轻松的生活，但是在我实现这种生活之前，我会欣赏自己目前的生活"。

- 我的过去不应该是它实际上的样子

这是我见过的最为常见的不可执行的原则。不过，它是最容易改变的。请记住，过去的就过去了。约翰（John）已经31岁了，他还觉得父母对他的小弟弟比对他好。现在兄弟俩很少联系，但是约翰把他现在的状况归罪于过去的错误。他最终能够挑战他的不可执行的原则了，说道："我当然希望我的父母平等地对待我们，但是我能够学着去应对它。"

- 我的父母应该对我好一点

乔安妮多年来忧伤不已，因为她要求父母过去应该恰当地去爱她。然而，许多的成人包括乔安妮在内，在童年时代都没有得到充分的关爱。乔安妮的父母这么做，可能是她因为遇到的是麻烦、不成熟、懒惰或自私的父母。尽管乔安妮想要得到关爱的愿望是合理的，但不管是孩子还是成人都没有力量让这成为现实。

当我们学会挑战我们的不可执行的原则时，我们便对我们的感受负起了责任，不那么情绪化地对待事情了。我们开始认识到，在我们太过情绪化地对待事情中，许多只是因为我们设定了不可执行的原则。当我们这样做时，我们开始明白，我们的思维过程对于愤怒和痛苦情绪的产生起着重要的作用。当我们挑战了我们的原则，我们可以看到，在日常生活中思路清晰带来了平静的体验。此外，就像那个警察一样，当事情不能按照我们想要的方式发展时，我们有更多的精力去做出正确的决定。最后，就像那个警察一样，我们发现我们当然不会留恋那些过度的伤痛和愤怒。我们可以把我们开出的许多不起作用的罚单都扔掉。我们可以而且将要去宽恕。

第 11 章

积极意图

> 宽恕是行动和自由的钥匙。
>
> ——汉娜·阿伦特（Hannah Arendt）

随着我们练习第 9 章和第 10 章中提到的那些技巧，我们便控制了我们的思考方式和感受方式。我们沉思大自然中的美和我们的好运气，发现伤痛和不满扰乱我们心境的力量变小了。当我们面对过去常常会让我们心烦意乱和愤怒的情境时，我们变得平静了，我们注意到自己的自信增加了。在困难的时候练习一下重新关注积极情感技巧，可以让我们感觉好一些和更清晰地思考。当我们明白了我们的愿望和希望有时候显现为不可执行的原则时，我们便意识到，我们有能力去改变现在。通过练习这些技巧，宽恕的前两步便完成了。我们对自己的感受承担起更大的责任，我们对待他人的伤害行为也减少了情绪化。

一个英雄的故事

随着你练习这些技巧，不满的第三个组成部分——故事也开始改变。你的故事会从对伤痛的关注逐渐转向你新增的力量和自信。通过练习转换频道、重新关注积极情感技巧以及挑战不可执行的原则，你获得了对于自己思想、感受和行动的控制权。当你实现了这一步，你的故事便从一个受害者的故事转变为一个英雄的故事。修正不满故事是一种强大的体验，也是宽恕开始生效的一个真实信号。

所谓的受害者，在应对痛苦的情境或控制思想、感受时，常常感到无助。英雄则努力克服逆境，拒绝被困难的生活事件打倒。从讲述受害者的故事转向英雄的故事，宽恕便是这样一个过程。宽恕意味着你的故事发生了转变，是你而非不满的情绪获得了控制权。

一个不幸却又真实的事实是，没有人可以改变所有发生过的痛苦的事情。你也许不能拥有更好的父母，或者取消肇事逃逸司机所造成的伤害。你也许不能让你的配偶重新爱你，或者让你的孩子关心你。你也许不能在学校取得成功，或者得到你想要的工作晋升机会。你也许永远也不能重回很好的健康状态，或者写出伟大的小说。不过，无论在哪种情境中，你都可以改变你谈论发生的事的方式。你总能发现一个更有希望的、更积极的立场。

我们的故事是一种媒介，通过它，我们向别人、向自己传达了我们生活的片段。我们的故事事关我们如何去观照事件，以及赋予发生过的事以意义。不同的故事呈现出对于伤痛的一系列反应，从把事情当成挑战到把它们看成是十足的灾难。当我们在讲述我们的故事时，我们时常忘了我们在重述事实的同时，也提供了一个观照事实的视角。我们忘记了一点：我们看待伤痛情境的视角和赋予它们的意义，决定了这些事件将会对我们的生活发生什么样的作用。

第1章中介绍过的丹娜，因错过了一次升职机会而闷闷不乐，面对公司的冷落，她的反应方式是向所有的朋友讲述她的不满故事，而且许多次都是无意识的。丹娜说生活是不公平的，说她从来都没有交上好运，说换工作或更加努力工作以获得晋升对她而言都太困难了。丹娜并不明白，从这些视角提出问题都是无能为力的。她的老掉牙的故事让她很难在生活中采取积极的做法。

如果丹娜的故事线索是真实的，生活对她而言是不公平的，她为什么还始终努力让它变得好一些呢？如果努力是白费的话，为什么还要努力呢？有了希望，人们至少可以期望好事偶尔会发生。没有了希望，丹娜感到无精打采和沮丧。并且，如果丹娜继续感到她难以争取到另一次晋升机会或找到一份新工作的话，那么，她便决定了自己在目前这份工作中的命运。

丹娜没有意识到她的故事对于她的心情和行为发生的作用，当我看到这一点时，我感到了悲哀。如果我问她的话，她会告诉我，她只不过客观地描述了事实，而且事实是清楚的：她被亏待了。她没有看到，她如何精心构造了自己的故事，提供了一个关于她处境的解释。她没有明白她的故事的力量，以及它如何影响了她的感受和行为。她完全陷入了责怪别人的怪圈中，遭受了不可避免却又是意料之外的后果。

然后，丹娜参加了我的课程。尽管她未得到晋升这件事差不多已经过去18个月了，但是她关于上司的长篇大论故事还是如此新鲜，你会以为那个不幸是上个月才发生的。丹娜值得称赞的一点是，她决定：既然她已经花钱上了宽恕课，她就要试试那些宽恕技巧。她练习了重新关注积极情感技巧，有意地去挑战她的不可执行的原则。

她报告说，这些练习没有完全消除她的怨恨。她感到愤怒少了，但是她注意到，她的上司还是让她感到心烦。不过，让丹娜惊讶的是，她身上发生了两个她意料之外的变化。第一个变化是，她通过练习挑战自己的不可执行的原则，她觉得自己的力量感增强了。她认识到，如果她没有力量去控制她的上司，她至少有力量去控制自己的思想。她很快就通过练习获得了自信，并为自己新增的力量感而欣喜。

她还注意到，她的不满故事也在发生变化。她发现，她第一次开始对讲述老掉牙的故事感到了厌倦。这是因为宽恕练习改变了她看待自己境遇的方式。丹娜报告说，她懂得了讲述不满故事赋予了上司伤害她的无限力量。既然她理解了她的不满是如何形成的，也有了可供练习的技巧，她就不再感到无助，结果便是她必须要改变自己的故事。她的故事此时包含的愿望有：练习宽恕技巧以及控制她的想法。丹娜发现，通过讲述新的故事，她感到精力充沛，并看到了各种各样的应对方式。

丹娜远不是一个特例。她感受到的成功是具有普遍性的。练习宽恕技巧可以让你去自救，有时是以意想不到的方式进行的。

在继续探讨之前，我想强调一点。仅仅通过练习新的思考方式，你就可以打破恶性循环，并在宽恕的道路上跨出了勇敢的一步。我们说，生活或许是困难的，但是它不会压扁我们。随着我们练习宽恕技巧，我们的故事改变了，其中反映了我们的努力，我们的自信增加了，我们获得了与日俱增的宁静感和清晰的思维。**练习宽恕技巧是一个大胆的声明——我们相信自己。**

让我们来看看莎拉的情况。我们在引言和第 5 章中都提到过莎拉，她的丈夫吉姆成了一个瘾君子并离开了她，给她留下一个年幼的孩子和一大堆未付的账单。莎拉无休止地诉说前夫和他的吸毒问题。她过多地关注自己遇到的麻烦，却没有充分去考虑自己该怎么解决这些问题。听了她的故事，人们会以为她的前夫有 8 英尺高，而她大概只有 4 英尺 6 英寸高。她的不满故事扼杀了她。

我经常让人们去思考一下，他们的不满故事的主人公是谁。当我问莎拉这个问题时，她来了精神。她回答说，吉姆是她故事的主角。当她谈论到她的生活时，中心内容是吉姆的问题以及这些问题所带来的伤害。尽管他们的关系是简单的，但是莎拉爱吉姆，依赖吉姆。她向往婚姻，喜欢做妻子。我回答说，如果吉姆是一位好丈夫，这可能还有意义。然而，迄今为止，吉姆还穿越在美国的大地上，她得独自抚养一个孩子。让吉姆成为她故事的主角怎么能够帮助她走出困境、继续生活呢？

莎拉不喜欢这个问题。她同意我的看法，即她必须承认她的梦结束了。她必须承认吉姆已经走了，他再也不会回来了，他是一个糟糕的伴侣。她必须承认，她嫁给吉姆的决定太草率了，她的父母和朋友们的意见是对的。只要吉姆还处于她故事的中心，他就是她生活的一部分。如果莎拉把自己置于故事的中心，那么，她可能会为自己的损失悲痛，并且继续前行。莎拉觉得这个想法是可怕的。

莎拉的困惑也是让许多人都感到纠结的。莎拉拒绝改变自己的故事，部分原因在于，这样做她就得承认自己的巨大损失。莎拉的故事既表达了梦想，也陈述了事实。莎拉犯了一个常见的错误。她不愿意承认自己和吉姆的关系结束了，可是她忘了天涯处处有芳草。她拒绝宣告自己的婚姻结束了，这让她难以和另一个人开始一段成功的婚姻。

莎拉把她的小梦想与大梦想混淆了。她的小梦想是与吉姆创造一段成功的婚姻。她的大梦想则是创造一段成功的婚姻。莎拉忘记了，在一个人身上失败并不意味着她在另一个人身上也会失败。她与吉姆的关系结束了，但这并不意味着她所有的关系都结束了。这并不意味着她是一个失败者。她的大梦想和小梦想是不同的，尽管她以为它们是一样的。我提醒莎拉注意这个区别，很长时间以来她才第一次露出了微笑。在那一刻，她明白了吉姆并不是她建立美好婚姻的唯一选择。当莎拉微笑时，我告诉她，她感觉良好，是因为她此刻表现出了**积极意图**。

积极意图

在宽恕训练中，积极意图是一个中心概念。积极意图是一种无与伦比的方法，它可以帮助你重新发现自己的大梦想。当我们的小梦想难以为继时，积极意图也可以帮助我们抵制沮丧的情绪。它提醒我们，我们最深切的希望是什么，并让我们告别自己的损失。

我有一个假设，即关于伤痛，最难以对付的一件事便是我们忽略了积极意图。当人们受到伤害时，他们的注意力都在痛苦上面。他们构造出不满故事，并把故事告诉别人。这样做时，我们忽略了人生的广阔蓝图，以及我们的生活目标。我反复看到，当人们重拾他们最高贵的目标，他们立即爆发出力量。发现你的积极意图，可以让你重拾你的目标。一个不幸的事实是，当你把过多的注意力放到过错上，你的不满便让你远离了你的最积极的目标。

重拾积极意图是改变不满故事的最迅速、最直接的方式。莎拉一改变她的故事并去思考她的积极意图，她的宽恕进程就加快了。她的情绪改善了，她的能量也回来了。与关注过去不同，她的积极意图反映了她对自己与吉姆恩爱关系的愿望。她再谈起吉姆时，把他看成了实现自己目标的一个障碍，而不是目标本身。随着莎拉改变自己的故事并去思考她的积极意图，不满对她的控制力大大减弱了。莎拉并没有立即就感到不再悲伤和痛苦了，但是她通过改变故事，改变了她的思考方式和对自己处境的反应方式。

积极意图可以被界定为我们处于不满情境中时首先应具有的、最强烈的积极动机。我在第1章中曾说过，所有的不满始于未能实现的情境。我们未能得到我们想要的东西，或者我们得到了我们不想要的东西。不论是哪种情形，我们都想要实现对我们的幸福有利的事情。我们的积极意图便是记住对我们幸福有利的事情是什么，并以我们所能发现的最有益的语言把它表达出来。

莎拉想和配偶拥有恩爱关系。她的积极意图是要塑造出一个充满爱心的配偶。积极意图涉及的是更大的成功——在这个案例中便是恩爱关系，而不是有关这个成功的特定事例。莎拉竭尽所能地想要在吉姆身上实现她的积极意图，但是她无法成功。不过，她的目标并不限于和吉姆的婚姻；她和吉姆婚姻关系不成功并不意味着她的目标是没有价值的。不幸的是，并不是所有的爱情关系都能实现。这是不是意味着我们所有人都要放弃爱情呢？

莎拉与一个人的爱情关系不够美好，这一事实不应阻碍她去发展另一段好的爱情关系。为了发展良好的爱情关系，莎拉可能得去婚姻咨询所，阅读关于爱情关系的书籍，或者与爱情成功人士交谈。她带新的伴侣回家后，可能得请朋友和朋友的恋人们给她以诚实的反馈或批评意见。有许多方式可以让她的下一段爱情关系更美好，当她拥有积极意图时，这些方式才会最容易发生。当我们拥有积极意图时，我们的故事便反映了我们的目标，以及我们为了实现目标而必须做的事。

在任何一个不满故事中，人们都得不到他（她）想要的东西。他们不承认，在每个痛苦的处境背后都有一个积极意图。一旦发现并重获这种积极意图，它就会改变不满故事。故事不再是只关涉导致痛苦的人或情境，而是关涉未完全实现的目标。突然之间，不满故事不再只是重复痛苦了，而是变成了学会做出改变以实现目标的一个手段。不满故事变成了积极意图故事的一部分。

只要我们能从情境中学习，伤害过我们的人或事件都会变成重要的。可是，我们绝不让不满分散我们对于目标的注意力。如果我们能继续追寻自己的目标，便是对伤害我们的人的最大报复。我们继续前行了。我们找到了内心的宁静。

你的积极意图：让你走在正确的轨道上

我喜欢用下面这个画面去帮助人们理解什么是积极意图。想象一下：你的积极意图是蜿蜒曲折的长路，把你从人生的起点带到人生的终点。我们许多人都拥有积极意图，比如一个爱意融融的家庭、一个长久的且富有爱心的伴侣、亲密关系、给予支持的朋友、有意义的工作、身体健康、创造美或个人成长。这些目标中的每一个，在我们人生中的不同时期都或多或少是重要的。比如，在你30多岁时，家庭可能会占去你的大部分时间。在这个阶段，你用于个人成长的精力可能就少一些。在你人生的其他时候，比如你生病了、你的配偶死了或你退休了，环境可能会逼迫你改变接近目标的方式。

如果你把每一个积极意图想象成一条路，那么，下一步便是目睹自己在路上驶向目标。在你年轻时，你或许骑的是自行车，然后，随着年岁增长，你可能逐步开上更贵的汽车。现在，假如你45岁了，你的十来岁的儿子负气离家出走。或者，假如你45岁了，你的妻子离开了你，随另一个男人而去。或者，假如你45岁了，你的生意失败了，而且你被欺骗了。你的积极意图——拥有一个爱意融融的家庭或生意成功遭受了打击。为了完成这个练习，你可以把自己的损失想象成行驶在亲密关系之路上却爆了轮胎。我知道，当这类情况发生时，我们中的许多人都更倾向于把它看成是当头一棒，但是请记住：我们可以从自己的损失中恢复过来，无论是失去了配偶、生意上的失败，还是和孩子的关系陷入了糟糕的境地。

在上面的画面中，你发现自己待在公路边，设法更换瘪了的轮胎。请记住，障碍的出现是常见的。或许没有人曾教过你该如何换轮胎，你站在那儿，满心的迷茫和害怕。或者，你的备用轮胎是瘪的，你正尽力使用这个充气不足的轮胎。然后,你尽力想估算出什么时候下一个公路巡警才会路过。在整个过程中,你可能都在喃喃自语,说你没有时间耽搁在这上面,说你参加一个重要的会议要迟到了。

这个漏气轮胎的比喻可以视作我们在亲密关系之路上的搁浅。我们时常不知道该如何去修复心灵上的创伤。我们之中有许多人对于可能发生的巨大损失都没有做好准备。许多人让他们的友谊之花凋谢,而他们的恢复力还处于休眠状态。有些人精心编织出一个故事来,告诉每个人他们被困在生活中是多么可怕。许多人被困在了公路边,抱怨这种情形是多么不公平。太多的人都习惯了自己的不满故事,而忘了描述发生的事还有其他的方式。

现在,转变你的画面,记住一点:生活经常迫使我们调整计划。想象着提醒自己,你花多长时间才能回到路上,决定权总是在你手里。没有谁真的想成为这样的人——经年累月地停在路边,不敢再去相信他们的车。我们总是可以问自己:"如果我再有一个轮胎瘪了,会怎么样?"危险无处不在,我们从来不能确信自己是安全的。然而,生活总是在继续。

在想象画面中,你试着接受生活总在继续这一真理。想象自己在修理那个轮胎,拍拍自己的背说,照顾好自己,不要再失去耐心。想象自己拥有了积极意图。你的积极意图便是你花时间去修理轮胎,接受干扰存在的事实,尽你所能再次上路前行。想象自己在不时地查看备用轮胎,尽力去保持安全行驶。

当我们拥有了积极意图,我们便开始发现宽恕了。宽恕就是当我们不再对我们的车子撒气时,我们所感受到的那种平静。宽恕是一种平静感,当我们理解了我们对自己是否感觉良好负责时,它便出现了。当我们提醒自己,只要开车就有抛锚的危险,我们所体验到的那种释怀便是宽恕。当我们坚信,我们恢复力大有潜力可挖,我们所获得的那种力量便是宽恕。宽恕是一种风度，它可以帮助我们记住，尽管我们搁浅在了路边，但我们也可以环顾四周，欣赏周边的美景。

当我们回顾我们的车无数次完美行驶的时光时，我们所体验到的那种积极情感便是宽恕。当我们记住问题本可能会更糟糕时，宽恕便给予了我们平静感。当我们克服了困难并创造出一个英雄的故事时，我们所体验到的那种力量便是宽恕。在我们的英雄故事中，我们谈论的是我们应对得有多好，我们很少需要去责怪他人。在这样的故事中，我们提醒别人和自己，我们挺过来了。

发现你的积极意图

要发现你的积极意图，你需要问问自己如下的问题：概括地说，如果我的不满处境得到了完美的解决，我会怎么描述它对我的生活的积极作用呢？这个问题也可以用其他方式来问：我沉湎于这种处境的首要原因是什么？我的长期梦想是什么？我的目标用最积极的词汇表达出来是什么？你可以遵循下面这些容易的步骤：

1. 找一处安静的地方，可以保证你大约10分钟内不会受到打扰。
2. 练习重新关注积极情感技巧一到两次，让自己进入放松的心境。
3. 问问自己，我沉湎于不满情境的首要原因是什么？用积极的词汇来表达的话，我的目标是什么？
4. 想想你的反应，直到你心中出现了一两句积极意图。
5. 向自己保证不再讲述不满故事。
6. 练习向一些值得信任的朋友讲述积极意图的故事。

吉尔向几乎所有愿意倾听的人抱怨。她仍然对前夫斯坦愤怒不已，因为他跟她的一个最亲近的朋友跑了。她一有机会就诉苦，讲述斯坦和她朋友黛比的下流勾当。她花费了太多的时间去想象他们在一起时的情景，或者计划着要去复仇，复仇是她一直以来都渴望的事。一天，当她的故事讲到一半时，我问她："你为什么这么在意他们在干什么？"当她开始重复同样的老掉牙故事时，我回答道："如果你把这么多的精力放在他身上，放在他与黛比的生活上，你怎么会还有精力去发展自己的爱情关系呢？"

吉尔在学习寻找积极意图时费了很大力气。失去丈夫和朋友这件事严重摧毁了她，以致她对人际关系都失去了信心。她不想去考虑开启另一段关系，觉得男人和女人都是威胁。我问她以前是否有过不幸的爱情关系。她说有过，并且她还希望和一个男人建立美好的婚姻关系。关于朋友关系，她的回答也是一样的。

吉尔非常痛苦。她的损失是严重的，要从其中恢复过来不是一件容易的事。发现她的积极意图对于她的恢复至关重要。吉尔的任务是要积累充分的信任，大胆地去和一个新的男人建立恩爱关系，去和新的朋友建立友谊关系。

我让她从积极意图的角度去讲述她的不满故事。她会从头开始讲述故事，讲到她的意图是要创造一种恩爱关系，讲到那些未能实现的关系时，如果她想要符合她的积极意图的话，她会把它们当作教训。我让她有意识地在每一句的开头使用"我"一词，以提醒她自己：她的故事应该以她和她想要的东西为中心，而不是以她的前夫为中心。

吉尔的积极意图让她谈到了她终生的愿望——和别人发展出牢固的、互相支持的关系。她重点提到了她最要好的一位朋友，她们自童年时代即开始交往，至今仍然很亲密。她提到了她与同事间的很多互相支持的、温暖的关系。吉尔提到了自己过去的两段恋爱故事，她结束这些关系时也伤害了他人。她理解到，有些关系进展顺利，而有些则不顺利。失去了婚姻和友谊让吉尔长时间地苦苦思考她对别人的期望。她看到，尽管她对关系的要求对她而言是正确的，但是人们对关系的要求以及所能做出的保证是不同的，这也是显然的事实。她的故事变成了一个关于信任以及如何为信任而努力的故事。最终，吉尔的积极意图故事从斯坦和黛比身上转移开，完全集中到了她自己身上。这才是她的故事的真正归属，这就是她学习宽恕的过程。

在遭受毁灭性的损失时发现积极意图

我曾经教遭遇过极端悲剧的人们使用过积极意图法，比如北爱尔兰的男人和女人们。他们的积极意图是拥有一个爱意融融的家庭。失去家人是一个极大的、毁灭性的损失。它动摇了生存者的安全感，摧毁了家庭的凝聚力。然而，即使是像这样的事件也不应永久磨灭人们的积极意图。不管伤害有多深，为了治愈自己，我们必须问一个核心问题：我怎么才能讲述一个故事，帮助我从过去的阴影中走出来，并实现自己的目标呢？

如果你的积极意图是去创造一个爱意融融的家庭，一个家庭成员死了或被谋杀了，可是家庭故事并未终结。**生活会多次迫使我们改变自己的方向，并尽我们所能地去适应新情况。**在像上面所说的这种可怕处境中，我们可以收回我们的爱，把它给予还健在的家庭成员。另一种可能的做法是去做一些事情，作为我们对于被谋杀者的纪念。积极意图始于我们对于一个爱意融融的家庭的渴望。它超越了痛苦和悲剧；它却并没有否认痛苦和不幸。积极意图故事并不是去想象一个只充满了美与善的世界，但它确实从促进康复的角度去看待伤痛。

碰到毁灭性的损失时，积极意图故事反映了你将损失与长期目标结合到一起的努力。你的故事的重心在于，如何在生活强加的限制中最好地去表现你的积极意图。你的不满被从中心舞台赶走了,被移到了边缘,这才是它应该待的地方。

安迪(Andy)在整个婚姻生活中,都与他的岳母关系不好。以他的思维方式来看,他的岳母非常难缠。她对安迪的态度冷漠而挑剔,却对他的其他家庭成员表现出热情和喜爱。安迪记得有一次自己病了,岳母却对他的病不闻不问。她对自己家中的卫生有着严格的要求,而安迪却不是很爱整洁的那一类人。她会对他吼叫,指责他故意弄乱了她的家。每当安迪和妻子要去看望岳父母时,他们都会吵架。等到安迪来参加我的课程时,他已经厌倦了这种处境。

当安迪寻找他的积极意图时,他惊讶地发现,他没有哪个切实的目标是与岳母有关的。他当然希望她精神放松并对他好一点,但是如果他诚实地面对自己的话,他会发现,她对他而言是不重要的。他去看望她的唯一原因是要支持他的妻子,帮助妻子与她的家庭保持接触。因此,他的积极意图是要对妻子友善和体贴。

安迪意识到,每当他对岳母有愤怒的反应时,他都是在伤害妻子。他深爱着妻子,并珍视他们的婚姻和她的感受。如果他的行为让妻子难受,安迪就明白他没有表现出积极意图来。每当他讲述对于岳母的不满故事时,他都把控制权给了一个对他而言相对不那么重要的女人。在意识到这一点之后,他改变了自己的故事,新的故事反映的是他想要一直对妻子好的愿望。当他讲述他的积极意图故事时,岳母对他的控制权便消失了。不用说,他与妻子间的关系改善了,他们去看望她父母这件事也变得轻松多了,安迪对岳母的反应也变得轻松了。

莎伦(Sharon)是一家地方医院的护士。她工作时间很长,而且上下班路途很费周折。她是一位单亲妈妈,有两个十来岁的儿子,生活很有压力。她来找我,是因为她讨厌她的上司。那个上司才接手工作,忙于控制手下年长的护士。莎伦是一位富有经验的护士,对自己的技能及多年的工作经验很自豪。莎伦讨厌上司对待她像对待一个孩子一样,因此时常顶撞上司。

当莎伦找到了自己的积极意图,她发现她最深切的愿望是帮助病人。她在不满故事中把上司当成了主角,而且上司横亘于她和她的工作之间。莎伦通过练习重新关注积极情感技巧,减轻了自己的压力,并开始讲述积极意图故事了。在这个新故事中,她是一个努力帮助病人的英雄。她在积极意图故事中,很少再被一个削弱她权威的上司困扰了。她有病人需要去照顾,而且她是一个优秀的护士。在她的故事中,莎伦变成了英雄,而不是受害者。

在偶然性的暴力行为中发现积极意图

在有些情况中,发现积极意图可能不像上面提到的例子那样容易。但这并没有改变一个事实,即在每个情境中,人们都是没得到他们想要的东西。例如,许多人成了偶然性残酷行为的受害者。被强奸、发生意外事故、被抢劫和被行凶抢劫,很不幸这些都是生活的一部分。

在我们教过的学员中,辛迪(Cindy)和琼便是偶然性暴力行为的受害者。辛迪在一次肇事逃逸车祸中受了伤。一天,她在下班回家的路上,另一位司机经过她身边时挨她太近,把她的车子逼出了道路。她猛烈地撞到了护栏上。辛迪多处骨折,还发生了脑震荡,经受了漫长的康复期。在辛迪的处境中,她很难去发现与那场事故或肇事司机相关的、她的最强烈的积极意图。

辛迪根本不想再见到那个撞她的司机,她从车祸中康复的动力不足。她确实记得,车祸发生时,她正在想着自己的孩子。她不得不沉思一会儿,然后才意识到,她的压倒一切的愿望是保护和抚养她的孩子,这才是她的积极意图。随着她的这个发现,她用自己照顾孩子的需要来激发她的康复动力。辛迪学会去讲述她充满热情的奋斗故事了,如何克服一次车祸所造成的困境,通过勇敢的努力成功地抚养了她的儿子。

琼的故事则不同。直接接近积极意图对她而言是困难的。横亘在琼和她的积极意图之间的是这样一个问题:我是怎么被这个经历伤害的?当琼清楚了她失去了什么,她就能轻松发现她想要什么了。

琼喜欢走路,经常走路去上班。周末,她经常和朋友们在山间远足。一天,一辆车不知从哪里窜出来,从后面撞上了她。她被撞到了空中,摔在了路边。当她在医院苏醒时,发现自己断了三根肋骨,骨盆粉碎性骨折。她度过了漫长的康复期,多年中走起路来都一瘸一拐。

我见到琼时,是在那次事故发生后的9个月。她纠结于自己失去了行动能力和独立能力。她极其想念能够行走的日子,怨恨自己的损失。当她描述自己的积极意图时,她首先想到的目标便是可以再去自由地行走。这是一个很好的动机,但是我担心她实现这个目标可能要花上很长时间,这会给她带来挫折感。因此,我问她,这次事故所带来的最糟糕的后果是什么。她立即回答道:"是我的独立能力。没有别人的协助,我无法做我想做的事。"

我建议她去讲述一个奋力追求独立能力的故事。她开始把自己描述为一个英雄,努力做到自己照顾自己。她的积极意图便是重获独立行动能力,因为这正是她失去的东西。她把独立行动能力这一目标划分成许多小的步骤。她的终极目标是恢复行走能力。行走象征着独立,重拾独立这一愿望帮助她发展出一个引人入胜的积极意图故事。

在现实情形中,当你或你爱的人成为偶然性伤害事件的受害者时,独立能力、安全或身体健康常常受到了损害。这些东西中的任何一个都可以当作积极意图。治愈故事并不是聚焦于冒犯者或失去的东西上,而是重新获得健康、安全或独立的积极意图上。

以个人成长作为积极意图

　　本章的最后一个目标，是为你提供一个新的选项，以激发你去发现积极意图。我已经向你说明了如何去创造积极意图，并举例说明了一些最强有力的方法。我将积极意图界定为对大目标的关注，而这种大目标往往被不满遮蔽了。我发现，有些人愿意将个人成长当作他们的积极意图。他们谈到了需要从困难中学习，变成更加强大的人。因此，个人成长也是一个可供选择的积极意图，它被证明对许多人都是有效的。

　　当你在某个处境中很难发现积极意图时，个人成长可以成为一个有益的目标，帮助你去应对不满。此外，当你胸怀不满，并导致你非常痛苦或愤怒，看不到其中的任何好处时，个人成长作为一种积极意图也能起到很好的作用。

　　有一个女人叫娜塔莉，她被生意伙伴骗了钱，个人成长这一理由让她走出了痛苦。她损失了8万美元，根本没有心情去考虑她的积极意图。于是，我让她把注意力转向她的希望——她希望成为一个能应对逆境的人。她同意试一试，并说出了如下的话："我想成为一个更强大的人。"个人成长就这样成了娜塔莉的目标，她生意伙伴的行为只是通向这个目标的催化剂。随着娜塔莉开始确认自己的积极意图，她重返研究生院学习了，这在她沉湎于生意伙伴的恶行时是无法想象的。

　　我们每一个人对于个人成长都有不同的解释。亚历克斯想向他的父母证明，他不是一个失败者。因此，他的目标便是向父母表明，他不会为一次生意上的失败而抱怨不休。有的人，比如朱莉，则希望培养出情绪控制力。她希望不用每晚吃一品脱冰淇淋，就能应对别人的拒绝。还有人只是希望少受些苦，并愿意为实现这个目标而做出改变。莎莉能想到的最大的目标,是不要再受这么多的伤害了,她的故事反映了她的愿望——想要感觉好些。

树立积极意图并没有一个完美的方式。关键在于,你要改变自己的故事,去关注你的更大的目标,而不是你的不满。你可以通过提醒自己,你的小目标不可与大目标同日而语,从而做到这一点。你把伤痛从你生活的中心舞台上拿开,代之以你的康复。当你开始对自己和其他人讲述你的积极意图故事,你便加速了康复的进程,而在此之前你可能认为康复是不可能的。

宽恕出现了

当我们谈论我们的积极意图、对我们的感受负责以及不那么情绪化地对待伤痛时,我们发现宽恕出现了。琼发现她的愿望是恢复健康和独立行动能力,她发现,为了实现此目标,那个撞她的人是不重要的。她宽恕了他,但却没有纵容他的行为。她宽恕了他,但是每当有车靠得太近时,她还是会跳开。她宽恕了他,但是每当她的孩子们不系安全带时,她都会重视。她控制了她的情绪和生活。她终结了她的不满。

你会发现,当你讲述积极意图故事时,你会感觉好起来。一个原因便是,你差不多是在讲述一个均衡的故事了。这是因为我们每个人都有许多经验。消极经验并不比积极经验重要。**不满是把一次受伤经验凝固成了无法更改的固体**。然后,它在我们的大脑中占据了太多的空间,带来了无助感。事实上,创伤是伤人的,但是它们不必是致残的。

我们每个人都能宽恕伤害过我们的人。当我们把不满看成是我们实现目标过程中的挑战,我们就对它做出了精确的解释。伤害过我们的每个事物对我们的快乐而言都是挑战。它们对于快乐地生活在这个世界上构成了挑战。只有对那些不知道如何应对和宽恕的人来说,创伤才会扭曲快乐。发现积极意图帮助我们发现了我们的大目标。讲述积极意图故事会提醒每一位听众，我们是英雄，而不是受害者。**我值得拥有最好的东西，宽恕可以帮助我们去发现它。**

第 12 章

HEAL 治疗法（上）

> 不能宽恕他人就仿佛破坏了一座桥，而破坏者自己也必须从这座桥上经过，因为每个人都需要被宽恕。
>
> ——赫伯特勋爵（Lord Herbert）

在之前的三章中，我带领你们领略了基本的宽恕技巧。我们看到，宽恕如何缓解了情感上的悲痛，让人们更加清晰地思考，并帮助人们终结了不满故事的恶性循环。我们已经了解了不满的三个组成部分，以及宽恕相应的组成部分。我讲述了一些学员的故事，他们使用我的方法宽恕了许多困境和伤痛。我看到了我的宽恕训练过程一次次成功地帮助人们减轻伤痛。而且，我自己在生活中也使用这些方法。

我的前两项研究计划中并没有包含积极意图这一概念，不过，这两项计划都是非常成功的。当我知道自己要给来自北爱尔兰的人们教授宽恕过程时，这迫使我要确保自己的方法尽可能的强大。为此，我在积极意图这一理念的基础上有所扩展，创造出了 HEAL 治疗法。它简单易记，可以帮助参与者把握宽恕的精髓。HEAL 治疗法融合了之前章节中提到的所有方法，它提供了一个应对任何伤痛经历的简单快捷的方法。

在本章和下一章中，我们都将讨论 HEAL 治疗法。在你开始练习之前，请把这两章都读完。你已经掌握了宽恕技巧，它们被证明是有效的。HEAL 治疗法是在内心专注法、挑战不可执行的原则和重新关注积极情感技巧基础上发展出来的一种高级练习法。

HEAL 治疗法是为已经学习过宽恕基本方法、练习过宽恕技巧的人们设计的。HEAL 治疗法不仅仅是一个附属品,它是强化和练习宽恕的一项强有力的方法。

练习 HEAL 治疗法有两种不同的方式。它在长期和短期的练习中均可使用,两种方式我都看到过极好的效果。HEAL 治疗法是我所知道的最强大的技巧,可以治愈特别深远的伤痛经历。

在某些情形中,人们报告说,他们的伤痛是如此之深、如此鲜活,感觉就像是他们身体的一部分。不满变得如同他们生活中别的东西一样真实。通常,这些人经历了任何人都觉得难以承受的不好事情。我将举几个例子来说明。

查理出生时即被母亲抛弃了。查理在寄养家庭中长大,直到 9 岁时,他才有了一个稳定的家庭。那时,他被一个家庭收养了,直到他上大学。他大学毕业后结了婚,有了两个孩子。然而,在生活中的多数时间里,查理都感到自己受到了冷落和抛弃,他的婚姻和家庭因此受到了牵连。查理将他所有的困难都归罪于母亲。他责怪母亲让他无法去交朋友和创造一段成功的婚姻。他还将自己的就业困难和全身不适归罪于母亲。

查理谈到自己时,将自己描述为一个出生时即被抛弃并且永远无法从中恢复过来的人。他以愤怒和痛苦的口气谈论他的母亲。他坚定不移地认为,他成年时期的不快乐都是由于差不多 50 年前母亲抛弃他造成的。当我听查理倾诉时,我想知道那个接收并抚养他的家庭适合放到他的故事的哪个地方。我也想知道他在哪里感谢爱他的妻子和孩子。首要的是,我想知道赋予一个他从未见过的女人如此大的、伤害他的力量是否合算。查理讲述他被抛弃的故事太多次了，以致讲述他的生活的任何其他方式看上去都是不可能的了。

查理从头到尾上完了我的课程，他看上去没有从其中获益太多。他问过几个问题，并且明显纠缠于他的不可执行的原则。他好像在说："一个母亲当然不应该抛弃她的孩子。否则，不要试图说服我。当我的母亲甚至都不爱我时，我的生活当然就被毁掉了。"直到我开始指导他练习HEAL治疗法，我才在查理的行为举止上看到了一些变化。在本章和下一章中，我将说明查理是如何能够继续前行的，以及HEAL治疗法如何促进了这种改变。

伊莱娜也是一个很好的例子，展现了HEAL治疗法有益于人们，给他们的生活带来了宁静感。伊莱娜是个60多岁的女人，她的丈夫杰西是个工作狂，她忍受了一段漫长的、困难的婚姻。她丈夫杰西的商业生涯很成功，但在家的时间很少。当他在家时，他通常是在工作或者已经很累了，几乎没有精力陪伊莱娜。杰西承诺说，当他退休了，事情会好起来的，他们俩将最终能厮守在一起。

杰西65岁时退休了，他退休第一年的生活苦不堪言。他想念他的工作，很少交朋友，没有办公室可去就像丢了魂一样。在第一年的大多数时间里，他沮丧而且暴躁。过了差不多一年，他的情绪缓解了，他和伊莱娜的关系比他们过去任何时候都要亲密。当伊莱娜正期望杰西能维持同样的表现时，一天，杰西打完高尔夫球回到家，说他感到恶心和头晕。

当他的症状不再加重时，伊莱娜开车带他去了医院，结果发现他中风了。在医院中，他又中了一次风。尽管杰西没有因中风而致残，他的身体状况却深受影响。他丧失了部分记忆，语言能力也受到了损害，他变得喜怒无常和容易疲倦。伊莱娜每天都会看到杰西因病而起的这些状况。

对伊莱娜来说，他们在一起度过的快乐时光看上去像是一段转瞬即逝的记忆。它太少了，来得也太晚了。她刚刚习惯了丈夫在身边的生活，而他又被从她身边带走了。伊莱娜来参加我的宽恕课程，是因为一年过去了，她仍然感到生气——她等待了这么久，丈夫也未能融入她的生活中。她感到他们在一起的时光被骗走了，并对她多年的等待感到懊恼。她也从练习 HEAL 治疗法中受益了。

不管是查理还是伊莱娜，他们都得应对一段沉痛的经验。出生即被抛弃和配偶长期不在身边，从最乐观的角度来看，这些也都是痛苦的事。然而，对他们每一个人来说，抱怨过去、感觉自己像是受害者只会让他们的生活更加困难。随着他们能够去宽恕了，他们每个人也都找到了更大的宁静。

除了能帮助人们宽恕困难的、根深蒂固的、痛苦的经历外，HEAL 治疗法还能以另一种重要的方式起作用。它代表了重新关注积极情感技巧的一种高级形式，当你面对过去的伤痛时，它是最好的、快速的情感慰藉。我推荐人们先练习一会儿重新关注积极情感技巧，然后再进入 HEAL 治疗法中。二者的区别在于，HEAL 治疗法是为特别的伤痛经历设计的，而重新关注积极情感技巧则用于抚慰和重新调整一般的情绪。

当你感到情绪烦闷时，HEAL 治疗法可以让你将注意力集中于内心，改变你的伤痛感。为了从 HEAL 治疗法中获益最大，你需要增加练习第 9 章中提到过的内心关注法和重新关注积极情感技巧。当你练习了这些技巧、感到很舒服时，你就可以去学习 HEAL 治疗法了。

最初在练习 HEAL 治疗法时，抽出 15 分钟的空闲时间是有帮助的。有一个私密而且安静的空间也是有益的。当你针对某个特定的不满练习了 HEAL 治疗法之后，你就可以用你练习重新关注积极情感技巧的方式——快速地、立即地运用它了。

我设计 HEAL 治疗法时，是以每个字母代表我的教学内容的一个特定方面。每个字母都是整个过程中不可分割的一部分，必须要去练习。为了教学方便，我把每个字母分开单独描述，但是当我们练习 HEAL 治疗法时，这些步骤是结合在一起的。HEAL 治疗法中的四个字母代表的是希望（Hope）、教导（Educate）、确信（Affirm）和长久（Long-Term）。请完全按照这个顺序来练习。

H 代表希望

HEAL 治疗法中的"H"代表希望。HEAL 治疗法的第一步是树立强烈的希望。这个希望代表的是你在痛苦的处境中所想要得到的特定的积极结果。在前一章中，我将此描述为小目标，并教你如何将它与你的大目标或积极意图分开。小目标所关涉的是某个特定的伤痛经验。小目标可以被表达为一个愿望、偏好或希望。树立希望是在某个特定处境中对某个特定结果的渴望。

对莎伦来说，被一段每况愈下的爱情关系耗尽心力之后，她学会了对自己说"我想要和凯斯（Keith）的关系能够持久"，这帮助她对自己的目标保持专注。在做这个练习之前，莎伦是很痛苦的。她没有考虑自己想要什么。她沉湎于自己丧失的东西上。实际上，她一直都记得自己不想要什么：结束与凯斯的关系。HEAL 治疗法中的"H"（希望）帮助她记住她想要什么事情发生。

"希望"一词是我精心选择的。在第 10 章中，我们看到了人们是如何将他们希望发生的事和必须发生的事混淆的。这种混淆的结果便是产生了不可执行的原则。这些原则是我们苦难的根源，也是形成不满的基础。当我们表达自己的希望时，我们便提醒自己，我们想要或希望一些事情按照我们的愿望发展。我们希望得到爱，赚到钱，得到一份工作或晋升，拥有充满爱心的父母，安全，健康，有一个忠诚的伴侣或爱人，受到人们的尊重或诚实的对待。

表达希望是提醒自己的一种方式：我们的目标就存在于伤痛的背后。告诉自己我们所能做的只是希望事情按照我们的愿望发展，这对生活的不确定性是个很好的提醒。当我们理解了并不是所有的希望都会成真时，表达自己的希望就是对骄傲和力量的确信。骄傲和力量源于对希望之事的脆弱性的接受。我们在承认自己脆弱性的同时，坚信自己永远不会停止对美好事物成真的强烈向往。通过这种方式，我们做出每一份合理的努力，以实现自己的希望。

表达希望时必须要使用积极的词汇。这对于练习HEAL治疗法是关键的。在这种情况下，"希望"应该是集中在你希望发生的事情上，而不是你不希望发生的事情上。许多人觉得这很难，他们常常说的是，他们希望坏事情不要发生在他们身上。他们很难记起他们曾经希望什么美好事情发生了。

请记住，说"我希望我的丈夫不要欺骗我"和说"我希望有一段稳固的、持久的婚姻"，两者是不一样的。第一个说法是以消极方式表达出来的，而第二个则是以积极的方式。例如，莎伦之前常常说"我希望凯斯不要离开我"。然而，这不是她真正的希望。她的积极希望是与凯斯有一段稳固的、爱意融融的关系。有时候，找到自己的希望是需要付出努力的。不过，无数的证据证明，为此花费时间是很值得的。

莎拉经历过一段痛苦的时光，她很难表达自己的积极希望。她重复来重复去的都是她希望吉姆没有吸毒。她希望他没有不辞而别，留下她一个人带孩子。她希望她的婚姻没有破裂。这些"希望"尽管是真实的，却不是她真正的目标。她的积极希望是和吉姆建立并维持一段成功的婚姻。莎拉花费了一些精力才明白这一点，但是她最终意识到，在这种情形下，她的具体目标是"我想和吉姆拥有快乐的婚姻"。

我想再重复一下这个显而易见的道理。并不是我们所有的小目标都是最好的目标。莎拉本可以选择一个更好的丈夫。他们的恋爱期非常短暂，她的家人和朋友警告过她不要和吉姆纠缠到一起。此外，吉姆曾有过酗酒问题。这些事情并不影响希望的表达。当你表达了一个好的希望时，你便树立了一个表面上看有价值的目标。你在之后追求目标的过程中，可以检验这个特定的小目标是否是符合你的积极意图的最佳选择。

成功地去表达希望的第二个条件，是我们要确保这个希望是个人的。我们表达的希望是为了自己，而不是为了别人。为了做到这一点，我们要确保表达出自己的目标，而不仅仅是希望好的事情发生。在表达希望时，我们不仅仅是希望快乐，而且希望实现我们的个人目标。我们渴望的不仅仅是爱情，而且是在某个特定关系中的爱情。我们希望的不仅仅是世界和平，而且是我们所能体验到的和平。为了达到这个目的，我们表达希望时通过以"我"一词开头，而且集中于我们的个人目标之上。这样，希望便不同于你的积极意图——你的大目标了。

查理一生中都在哀叹母亲抛弃了他，他起初无法想象自己能发现积极目标。他渴望拥有充满爱心的母亲，但是他担心把这个愿望说出来只是徒劳。确实，如果他希望他的母亲奇迹般地起死回生并且来爱他，他将是徒劳的。不过，承认自己的愿望，同时心平气和地接受愿望实现不了这一现实，对于查理的康复却有潜在的好处。他的希望表达将是"我希望有一个爱我的母亲"。

树立好的希望的最后一个条件，是要让这个希望具体。这意味着你所表达的希望不仅使用了积极的词汇、反映了个人的目标，而且还反映了你的特定希望。例如，好的希望表达不应是"我想要自己的工作是舒心的"，或者"我想要和一个不偷盗的伙伴合作做生意"。有用的希望表达应该是"我希望西德尼是一个诚实可靠的生意伙伴"。

当一个人因为配偶的不忠而毁掉了婚姻并因此心烦意乱时，他（她）所表达的希望关涉的是特定的关系，而不是一般意义上的关系。当你因朋友漠不关心的态度而苦恼时，你希望的是朋友可以表现出特定的友情。当你的孩子承诺要给你打电话却没有打，你因此而生气时，你的希望是明确地表达你希望孩子怎么做。我们再一次看到，你的希望表达围绕的是你的小的、特定的目标，而不是你的大的积极意图。

HEAL治疗法中的"希望"永远不是你要去改变另一个人性格的愿望。想要改变别人是构成不可执行原则的一个基本要素。请记住，试图去改变不可更改的东西是产生不满的根本原因。去改变另一个人的个性是白费时间，尽管我们中有许多人多年来都在做此无用功。当我们试图改变他人却又没有结果时，我们便感到愤怒和忿恨。

当他人并没有如我们所愿地做出改变时，我们觉得烦闷，这种烦闷正是宽恕要去解决的。宽恕帮助我们不再浪费时间去改变不想做出改变的人。宽恕让我们重新掌控自己的生活，同时少去控制他人的生活。在我们的生活中，当别人做出了伤害我们的举动，宽恕让我们可以去控制伤害的影响。

如果你的希望表达是关于改变他人行为的，或者是关于他人性格的，这不仅是徒劳的，也是没有结果的。这是因为我们永远不能宽恕一些模糊的东西，比如他人的性格、性情或个性。我们至多可以宽恕某个特定的行为，我们假定这个行为显现了那个人的性格。这是一个重要的区别，明白这一点可以让我们免受许多痛苦。我们可以看到他人的行为，但是我们只能去猜想他人的性格。批评他人的性格并不是我们花费有限时间和精力的最佳方式。要去宽恕的话，我们需要把注意力集中到不符合我们意愿的行为上，比如语言伤害和不友善的行为。

我向丹娜建议说，想要她的上司变得更富有同情心不属于恰当的希望。她不知道她的上司实际上是什么样的人。丹娜所知道的只是，她认为自己理应得到晋升，却没有得到。查理也不会得到一个更好的母亲。他不知道母亲是什么样的人，除了她的抛弃让他震怒之外。这就是他所知道的关于母亲的一切，而这有限的信息却主宰了他的生活多年。

请记住，要准备好去宽恕某人时，你得知道具体是什么行为冒犯了你，以及它如何影响了你的感受。在第 6 章中，我们了解到这两点是宽恕的前提条件。当你说你希望丈夫对你好一点时，你并没有提供关于你预期的行为的细节。当你说你希望丈夫温柔地对你说话时，这离你想要的事就更为接近了。

我想给你一个温馨的提示。希望表达并没有什么完美的方式。希望表达是有用的，但当你把它们表达出来时，其中总留有余地。你的任务是要想想，身处伤痛情境之中，你想要的到底是什么。你应该用积极的字眼去表达它，让它成为你个人的东西，并且尽你所能地让它具体化。要防止使用一些含糊的、一般化的表达，比如关于他人性格的话。首要的一点是，当你学着这样做时，要对自己有耐心。请记住，你是在学习宽恕，学着寻找内心的平静，学着康复。

E 代表教导

HEAL 治疗法中的"E"代表教导。简而言之，"E"提醒你事物是如何发展的。你对他人、自己或生活事件的控制力是有限的，我们要教导自己认识到世界运转的真正方式是什么。教导意味着你在拥有每个特定希望的同时，应该明白一点，即你可能得不到你想要的东西。教导也意味着你的每个希望都有几个可能的结果：它可能会变好、变糟或者完全达到你的期望。在任何特定情境中，你都不知道你能否得到你想要的东西。因此，你要树立希望，尽力而为，然后等待结果。

当我们忘记了我们所能做的只是希望或期盼我们想要的结果时，我们就会让我们的困境变得更糟。当我们忘记了我们对愿望能否成真只有有限的控制力时，我们便产生了不满。对我们每个人来说，控制力有限是一种现实，人们往往难以接受这一点。当我们坚持认为我们想要的事情一定要发生时，我们便设定了一些不可执行的原则。教导自己即意味着要明白一点，正如滚石乐队常唱的那样，"你不会总是得到你想要的东西"。

例如，我们可能需要去宽恕已经变味的爱情关系。或者，我们的婚姻、恋爱失败了，以不忠和愤怒而告终。生活并不总是按照我们的计划进行。不幸的是，关系以失败告终是生活中的一个事实，也是一种普遍经验。

在自我教导中，我们既要承认我们不能如愿以偿的可能性，也要完全接受这一现实。 对莎伦而言，恰当的自我教导必须要反映出关系中所内含的不稳定性。她的自我教导可能是像这样的："尽管我真的想要和凯斯维持关系，但是我也理解并接受一个事实，即并不是所有的关系都能走下去。"尽管希望让人们向往合理的积极结果，但教导提醒我们，我们的控制力总会遇到阻力。好在我们在实践中会看到，我们的不可执行的原则在现实面前会逐渐消失。

HEAL治疗法中的"H"代表了一种个人的希望或愿望，"E"则触及了不能如愿以偿的非个人性的一面。我们在表达希望时关注的是个人，到自我教导时则转向了非个人性。最好的自我教导是既表现了个人愿望，同时也接受这一事实——有些因素超出了我们的控制范围。自我教导是有益的，因为当我们把产生不满的原因普遍化时，我们就排除了个人性的东西。

当莎伦被要求去进行自我教导时,她的第一反应是说,"我永远也找不到一个好男人,我不得不承受这一点"。但是,这个陈述没有透露出她对自己控制事态能力的有限性的认知;它反而表现出了自怜态度。她犯的错误是常见的。她把不确定性和消极性给混淆了。莎伦不知道将来会怎样,她不知道自己能否找到一个好男人,她只知道她最后的尝试失败了。消极的确定性和不确定性之间存在着天壤之别。它们也意味着康复和消沉之间的区别。

莎伦以这样的反应放弃了希望。她以绝望代替了继续尝试,从而取消了建立一种婚姻关系的可能性。莎伦处于伤痛和困惑之中,以为这样就是接受了现实。实际上,她在虚构一种现实。她把完全出于猜想的事情表述成了事实。

事实上,所有的关系都不是确定的。有的关系可以维持下去,有的则不可以。有些人白头偕老,有些人结婚半年便离婚了。有些长期的婚姻是丰富多彩的、亲密的,有些则如同活地狱。经过一段时间的反思之后,莎伦将她的自我教导内容改变为"我接受许多恋爱关系不能发展下去这一事实"。

人们在进行自我教导时面对的第二个困难,是如何去接受不确定性。我鼓励人们在进行自我教导时,以"我理解并接受……"这样的句子开头。不过,有些人觉得"接受"一词的色彩太强烈了。如果你也如此认为,那么只用"理解"一词就好。我强烈建议你记住一点:每当你想要什么时,你就是在冒险,因为你可能得不到你想要的东西。在我的宽恕训练中,有许多内容都涉及对这一简单的生活道理的接受。"你不会总是如愿以偿……但是如果你尝试了,有时你就会发现,你得到了你想要的东西"。

当我们进行自我教导时,要知道它包含两部分内容。第一部分内容是一般性地承认每个希望都有失败的可能性。这方面的例子有：有些朋友是不忠诚的，有些关系无疾而终，有些父母不合格，有些生意安排成功不了。失望是正常的。

自我教导的第二部分内容是接受生活的不确定性。你的自我教导绝不意味着要纵容任何特定的伤害行为。我们可以不赞同别人的做法，明白他们的做法是具有普遍性的，而且我们无法控制他们的行为。我们也可以不赞同别人的做法，同时看到它是如何帮助我们继续前行的。重要的是，我们要把注意力集中到我们能做的、有益于康复的事情上。在谈到自我教导时，我们想说的是，希望内含着某种脆弱性，痛苦的事情便是其中的一部分，我们要接受这一事实。从积极的方面来看，希望事情进展顺利的强烈愿望让人们在生活中创造出了丰功伟绩。

对查理而言，他的自我教导的第一部分内容意味着承认一个事实——许多父母都不关爱孩子。这一部分并没有让他纠结。然而，查理不愿使用"接受"一词。他发现这个词的色彩太强烈了，他对此感到严重不适。他创造出来的自我教导内容是，"我理解有许多父母并不关爱他们的孩子"。他可以说他"理解"，但是他无法说出他接受这一事实。通过这次训练，查理平生第一次能够以非个人化的眼光来看待母亲遗弃他这件事了。

伊莱娜的自我教导集中在一个无法避免的事实上，即我们所爱的人都会得病。她也无法说出她接受这种不确定性，但是她愿意说她理解这一点。接受与理解之间的差别并不大。我鼓励你试着使用"接受"一词，但是如果它对你而言太过强烈的话，别让自己感到为难。伊莱娜的"希望表达"和"自我教导"内容是，"在经过了多年的被忽略之后，我希望可以和杰西相爱多年。不过，意愿即使再好，人也会生病的，我理解这一点"。

伊莱娜的"希望表达"和"自我教导"反映了 HEAL 治疗法中的两部分内容，这些内容所引出的都是悲伤和失败的情绪。HEAL 治疗法中的这些部分关注的是过去，它们关注的是过去中不好的事情，它们关注的是我们过去受到的伤害或虐待。通过清晰地表达出自己的希望，你承认了你想要的事情没有发生。通过学习自我教导、认识生活中的不确定性，你对事情按照自己想要的方式发展的愿望淡化了。对有些人来说，这会让他们意识到自己的损失，从而让他们感到悲伤。我把 HEAL 治疗法中的这两部分内容归入宽恕训练过程中的悲伤步骤。不过，在练习 HEAL 治疗法时，感到悲伤并不是不可避免的。我发现，人们在时间上距离伤害越近，悲伤出现的可能就越大。

感到悲伤没有什么不好。悲伤是对损失的一种自然反应。当我们丧失了重要的东西时，我们都会感到悲伤。梦想的破碎，比如美好爱情、工作晋升或朋友忠诚这些梦想，会深深地伤害我们。不过，感到悲伤与感到绝望或沮丧却不同。后面这些情绪通常是因持有不可执行的原则而起。仅仅承认自己不能如愿以偿是很少会产生这些情绪的。沮丧通常伴随着一些消极的想法出现，比如像在莎伦的情形中，她断定自己再也不能拥有良好的关系了。绝望和悲伤是不同的体验，是从不同的思维方式中产生的。

断定"再也不能"拥有良好的关系与接受许多关系都不能善终，二者是很不同的。希望本身总是包含了失败的可能性。HEAL 治疗法的力量在于，当我们把注意力集中到自己的内心，我们便将这些消极情绪降到最低了。不过，损失是大多不满的组成部分，有些悲伤是不可避免的，承认这些是很重要的。

在实践中运用"希望表达"法和"自我教导"法

在下一章中,我们将讨论 HEAL 治疗法的最后两步。但是,首先让我们说一下该如何运用我们已经学到的内容。开始练习 HEAL 治疗法前,先练习 3 至 5 分钟内心专注法,然后把注意力集中到心脏周围。心脏应该感到温暖、平静,因为你在练习内心专注法时,你想的是你爱的人或者是让你感到积极的事物。继续做缓慢的深呼吸,收放腹部。然后想出一个希望。这个希望应该是积极的、个人的、具体的。

然后结束希望表达阶段,进入到非个人性的自我教导阶段。自我教导部分是承认愿望所内含的不确定性。保持缓慢的深呼吸。

现在把自我教导阶段加到希望表达阶段的后面。两部分最好以"不过,我理解并接受……"这样的话连接起来。这里提供一个希望表达和自我教导的范例。希望表达:"我希望我的生意伙伴萨拉仍然是一位值得信任的同事。"自我教导:"不过,我理解并接受这样的事实,即并非所有的生意伙伴关系都能如我所愿地发展下去。"

练习这些步骤,直到你对自己的陈述感到舒服为止。然后决心抛下你的痛苦的过去,继续前行。当你做到这一点时,你就为学习、实践 HEAL 治疗法的剩下两部分内容做好准备了。

第 13 章

HEAL 治疗法（下）

> 有一个词可以将我们从生活的重压和痛苦中释放出来，这个词便是：爱。
>
> ——索福克勒斯（Sophocles）

HEAL 治疗法的前两个阶段关注的是过去，以及导致不满的事物。希望表达和自我教导可以帮助我们调整我们的痛苦和损失，让我们从康复的角度去看待它们。希望表达提醒我们，总有一些积极的东西是我们想要的。自我教导提醒我们，不管目标有多积极，我们可能也得不到我们想要的东西。

希望表达和自我教导还帮助我们看清是什么思想导致了我们的痛苦。不可执行的原则、压力性化学物质的释放以及理解不了苦难的共性，这些都是我们正在萌生不满的例证。然而，不管我们对伤痛背后的原因理解得有多么透彻，我们中有太多的人仍然陷于痛苦之中。理解伤痛是如何产生的和做一些事情去缓解伤痛，这是两个不同的任务。

我们都需要去学习如何继续前行并减轻伤痛。我在设计 HEAL 治疗法的最后两个步骤时，尤其就是为了这个目的。这两步向我们提供了抛开伤痛的机会，引导着我们的生活之舟勇往直前。

抛开伤痛

不过，在学习最后两步之前，让我们考虑一点。有些人发现自己很难抛开伤痛，从 HEAL 治疗法中的自我教导阶段走向下一阶段。他们在完成了前两个步骤之后就停滞不前了，因为他们的思维惯性导致他们反复地心烦意乱。

达琳就是一个恰当的例子。达琳尝试了 HEAL 治疗法，报告说她在练习了前两个步骤之后，就感到非常伤心，不能继续下去了。她一想到杰克——曾经抛弃了她的未婚夫，就感到伤心。她迷失在悲伤和失落的经验中。显然，达琳不知道如何去处理她的伤痛情绪。达琳的痛苦让她无法正确地去练习 HEAL 治疗法。达琳的情绪如此强烈，以致她练习的不是我的 HEAL 治疗法，而是她自己痛苦版本的 HEAL 治疗法。

达琳带着良好的意图开始了她的练习。她的希望表达是，"我希望嫁给杰克，并且希望我们的关系美好而持久"。这是一个很好的希望表达。它是个人性的、具体的、积极的。她承认，她希望拥有健康可靠的爱情关系，而不是设立一个不执行的原则——必须拥有健康可靠的爱情关系。然后，达琳开始进入自我教导阶段，但是她遇到了麻烦。她不是提醒自己"即使对配偶的愿望再好，有些爱情关系也失败了，我理解并接受这一点"，而是构造了一个不可执行的原则——"我知道有些爱情关系可能无疾而终，但是我的爱情关系失败了就不行。我的未婚夫是错的，一错再错"。

我告诉达琳，感到悲伤没有什么大不了的。她的悲伤是对损失的一种自然反应，而毁掉婚约是一个巨大的损失。我建议达琳可以学着去承受她的悲伤。当她注意到悲伤像她所有的情感一样都会过去时，她就能做到这一点。我问她，她是否即使现在还总感到悲伤。她说"不是"。

她说，当她和孩子们依偎在一起时，她感觉良好。

我问她是否总是感觉良好，答案是否定的。我问她是否曾在同一天中既感觉到了快乐也感觉到了悲伤，她说"是的"。我让她回想过去一些悲伤的事情，然后再回想一些快乐的事情。这些情感每一种是不是都在变化，最后都过去了？她承认，它们最终都过去了。因此，这些情感也会改变，并在某个时候就过去了。

当人们留意观察，他们会发现，他们的感受经常天天在变化，甚至时时在变化。这是因为我们的关注点总是在转移。当我们注意到损失时，我们往往感到悲伤；当我们注意到幸福的事时，我们就会感到更快乐。有趣的是，我们所有的情感最终都会改变和过去，这一事实意味着控制它们是可能的。我们的情感与我们的思维方式、我们的关注点直接相关。我们可以改变我们的关注点。不幸的是，许多人以为是他们的感受控制了他们，而不是相反。

我建议达琳，即使她感到悲伤时，也可以去练习 HEAL 治疗法。我建议她把注意力更多地放到练习上，而不是她的感受上。练习 HEAL 治疗法在某些方面就像是吃药。有时你就需要去吃药，即使你感觉不喜欢它。如果药实际上是起作用的，这就是你所知道的唯一途径。我提醒达琳说，正确地去练习 HEAL 治疗法会及时地帮助她感觉好转。

我建议达琳去恰当地练习自我教导环节，即使她一开始并不相信它。我提醒她练习重新关注积极情感技巧和"感恩"呼吸法。重新关注积极情感技巧提醒她，她可以通过缓慢的腹部深呼吸去获得平静。它也给了她一个理由，让她充满爱意地、欣喜地想起自己的孩子。达琳很快就发现，她的悲伤感受没有什么可怕的，也不是恒久不散的。

我郑重地警告达琳：如果她的悲伤感受来势汹汹，她可以用一些正常活动来中断它，比如吃饭和睡觉、独处，如果这种情感让她产生了自杀的冲动，她应该找一个训练有素的心理医生咨询。在后一种情形中，学习宽恕就不是她首先要考虑的问题了。对于本书的读者，我同样是这个建议。本书无法替代心理治疗或药物治疗。如果你遇到了让你困扰的身体症状或极其严重的情感痛苦，请找一位合适的心理治疗师或心理医生咨询。

我也确信达琳的痛苦不是新近才有的，她的男朋友不是那天、那周甚至那个月才离开她的。当创伤是新产生的时，我们需要的只是耐心。碰到这样的时候，我们应该尽力对自己好一点，走出伴随损失而来的伤痛和悲伤。

我在前面曾经提到过，宽恕通常并不是对伤痛的最初反应。首先，确保你清楚地知道发生了什么、你的感受如何，并将此告诉几个值得信任的人。这个过程需要时间。不要忽视痛苦的感受。它们向我们提供了一些有价值的信息，告诉我们什么是我们珍视的、什么是需要关注的。不过，当我们了解了痛苦的感受，转向感激、美和爱时，我们便努力记住了一点，即其他看法也是可能的。

我们的痛苦情感是重要的，但是我们要争取记住，它们是会过去的。我教过许多人，他们都努力相信自己的美好感受。当痛苦的情感来袭时，就像令人讨厌的亲戚毫无离开的意思，他们也能比较从容地面对。那些遥控失调的人们，他们不知道如何把它们带到商店里去修理。当人们陷入痛苦的循环之中时，他们也容易忘记一点，即消极情感并不比积极情感更加真实。

爱、欣赏、感激，以及注意到美的能力，这些都是真实的。它们是重要的，是人类经验的深度表达。不幸的是，许多人在失望和伤痛中养成了一个坏习惯，即更多地去关注伤痛而不是幸福。这让他们陷入痛苦的循环中，并感觉自己无法掌控持久的平静和爱。即使是美好的感受，也是会改变和过去的。有时候，我们看到的是杯子中装着东西的一半，有时候，我们看到的是空着的一半。为了过一种深刻而完整的生活，我们需要能够恰如其分地体验我们所有的情感。问题在于，当我们的遥控器锁定在不满频道上时，我们是无法发现所有的人生经验的。

请记住，你的美好感受和不好感受都会在某一时刻到来，然后又消失。这就是为什么你的遥控器需要准备好调换频道的原因。请记住，当你沉迷于伤痛或不满频道时，你可以温和地提醒自己还有其他的频道，从而改变你的感受。你可以去练习重新关注积极情感技巧，挑战你的不可执行的原则，或者练习 HEAL 治疗法。尤其是 HEAL 治疗法将会帮助你在痛苦的、困难的事件中发现内心的平静。

一旦我们通过练习希望表达和自我教导环节，找准了我们痛苦的根源，我们便准备好继续前行，进入 HEAL 治疗法剩下的两个步骤了。

HEAL 治疗法：A 代表确信

我要提醒一下，你开始练习 HEAL 治疗法前，可以简单地练习一下内心专注法。把注意力集中到心脏周围，继续做缓慢的深呼吸，收放腹部，然后练习希望表达和自我教导环节。

HEAL 治疗法的下一步骤是确信，确信你的积极意图。我在第 11 章中已经教你如何去发现积极意图了。积极意图可以提醒我们，我们的生活目标是什么，这些目标由于我们的注意力集中在伤痛经验上而被搁置到了一边。或者，积极意图提醒我们，我们可以从任何的伤痛经历中获得成长。

心怀不满的一个缺点是，它让我们以一种无力的方式与伤害者联系在一起。当你的思想沉湎于过去的创伤和伤痛时，你便在提醒自己，你的一部分生活过得并不好。确信你的积极意图可以让你重新找到自己的目标，让你继续前行。

瑞秋来参加宽恕训练课程时，带着对她母亲的愤恨，因为她出生时就被遗弃了。她在人生中形成了一个习惯——扮怪相，讲述她母亲的讨厌的故事以及她被夺走的一切。她花费太多时间去描述她母亲了，以致忽略了自己生活的种种可能性。她详细地讲述过去可怕的一切，当她讲到一半时，我问她："你为什么这么在意你的母亲呢？"她开始重复相同的老故事，我又问她："你为什么让一个并不关心你的人在你的心中占据这么重要的位置呢？这样做怎么能帮到你呢？你真正想要的东西难道不是找到一种从被遗弃中走出来的方式，而不是详细地去讲述它吗？"

瑞秋被我的话震惊并吓到了。她听说过积极意图这回事，但从来没有想过要在自己的生活中运用它。当我让瑞秋建立一个有益的确信时，她感到非常困难。她的损失让她伤痛欲绝，以致她很难提出什么信念了。我给她建议了另一种办法，让她将积极意图集中到成长为什么样的人上。瑞秋提出了如下确信："我的积极意图是利用我的经历，成为一个更坚强的人。"

我告诉瑞秋，她的目标是每天去练习 HEAL 治疗法，连续一周。首先，她每天完整地练习两次 HEAL 治疗法，每次大概需要 25 分钟。然后，随着练习的熟练程度增加，她可以更快地重复 HEAL 治疗法，用 10 分钟就可以完成 10 次简要的练习。瑞秋接受了这个任务，经过几天的练习，她注意到自己的故事开始转变了。她发现，确信自己的积极意图首先帮助她制定出了更好的人生规划，然后又帮助她去执行这个规划。

在参加宽恕训练之前，瑞秋参加过各种各样的大学课程，都半途而废。她有过一段坎坷的工作经历，做过一些短期的工作。此外，她的婚姻始终伴随着纷争，因为无论丈夫给她提供了什么，她都觉得不够。当她确立了自己的积极意图，瑞秋重新回到研究生院学习，并成为一位护士。她和丈夫走进了婚姻咨询所。丈夫多年来一直给她提去进行婚姻咨询这个要求，但都被她断然拒绝了，她说没有哪个婚姻咨询师能够理解她的经历。此外，瑞秋开始写感恩日记。

像瑞秋一样，当你树立一个强大的确信时，你便把注意力转向了将来。在 HEAL 治疗法中，希望表达和自我教导环节关注的是过去。后两个环节则是为了现在和将来。当你确立一个强大的积极意图时，你便激发了自己的积极性。你的故事改变了，你真正的目标浮现了。最后，让我们转向最后一个环节，你在其中需要做出承诺——尽可能充分地去过你所选择的生活。

L 代表长久

HEAL 治疗法中的"L"代表的是对你的长远幸福做出长久的承诺。长久承诺环节强调的是实践的重要性。一个坚定的长久承诺，既是承诺当过去的伤痛让你感到心烦意乱时，你要去练习 HEAL 治疗法，也是承诺要从你的积极意图出发去讲述你的故事，即便当你的习惯告诉你要去详细地叙述伤痛时也是如此。

每个长久承诺都包括下面的内容："我做出长久的承诺，我会追随我的积极意图并运用 HEAL 治疗法。"然而，有些人发现，为了显现他们的积极意图，他们得学习新的技巧。然后，他们在自己的长久承诺中加上如下的话："我做出长久的承诺，我要去学习特定的新技巧，为了成功，我需要这些技巧。"我看到过有一些训练和帮助服务对人们是有益的，比如自信心训练、压力调节、营养学课程、继续教育、公开演讲、12 步疗法和个人或家庭咨询服务。此外，几个简单技巧就能帮助差不多每个人遵循他们的积极意图。

第一个技巧是寻找那些成功地从类似的不满中恢复过来的人，听听他们怎么说，然后再看看你如何将他们的积极经验运用到你的生活中。努力根据别人的成功行为来塑造你的行为。

维克托是一位牧师，让他纠结的是他的上司似乎对他当下的健康问题漠不关心。当维克托明白他必须做出改变时，他便去寻找那些能够对漠不关心的上司做出理性反应的人。他发现有个人曾为相似的处境所困扰，他便花时间与那个人讨论他的困境。维克托感觉自己被人倾听了，也获得了支持，那个人提醒他，他需要去做一些艰难的选择。这个人提供的帮助，是让维克托相信自己即使是在困难的处境中，他仍然可以做出选择。

第二个技巧是，当你过多地讲述不满故事时，让朋友或家人提醒你。选择一个你信任的人，当你故态复萌时，让这个人温和地提醒你。这个朋友除了说她（他）听到了一个不满故事之外，不需要做任何事情。然后，你就可以选择重新关注你的积极意图了。

第三个简单的技巧是，每天允许自己在短暂的时间内想想不满的事。当丹娜想起她如何被骗走了晋升的机会时，她便告诉自己，她会在每晚的 7 点钟思考这件事。她每天给自己 15 分钟时间，去想她如何受到了错误的对待。大约连续一周，每晚她都坐到厨房餐桌旁，问自己是否需要发泄。大多数时候她不需要，如果她需要的话，她会把她的感受写下来。然后，在起身吃晚餐之前，她练习重新关注积极情感技巧，或者播放她的感激或美的频道。这样，她就保住了一天中其余的时光，并学会了如何去应对她感知到的不公平待遇。

最后一个技巧是，如果你能做到去练习本书提供的技巧，要对自己进行奖赏。迈克尔每天统计他练习 HEAL 治疗法的次数。每当他一天中练习超过了 5 次，他就给自己买一块特别的甜点。一周下来，如果他练习了 40 次以上，他就给自己奖励一次按摩。

瑞秋决定，为了拯救她和丈夫的婚姻，他们需要去进行婚姻咨询。她的第一个长久承诺，只是重申要去练习 HEAL 治疗法，并一直将注意力集中到积极意图上。由于她的积极意图是关于个人成长的，她意识到自己缺乏个人成长技巧，因为这么多年来她都沉浸在痛苦之中。除了去进行婚姻咨询之外，瑞秋承诺自己要每天都练习"感恩"呼吸法，并参加了一个冥想课程。

我们在前面的章节中提到过的伊莱娜承诺每天都练习 HEAL 治疗法，连续三周。起初，她练习的效果转瞬即逝，但是到第一周结束时，她开始看到自己情绪和性情上的变化。到第二周结束时，她相信即使丈夫中风了，她现在与丈夫的关系也比她失去的东西更加重要。她明白自己永远也不可能重新找回过去了。伊莱娜还明白了一点，是爱让她维持着自己的婚姻。她能够接受她犯过的错误了。伊莱娜清楚地看到，爱便是她的积极意图。

伊莱娜也明白了自己的问题，她终生都在和丈夫起冲突。她这些年来都害怕真正向丈夫提更多的要求，她发现这成了她处理所有人际关系的一种模式。她决定上一个自信提升课程，学习如何去要求她想要的东西。无论自信训练能否对她的婚姻有所助益，但伊莱娜知道它对她是有帮助的。

三周之后，她宽恕了丈夫把过多的注意力放在工作上、他的漫不经心以及他的为人，当她想到自己和丈夫之前一起度过的时间转瞬即逝时，她也不再感到伤痛了。当她明白他们夫妻俩每个人都尽其所能了，她就和丈夫言归于好了。随着她宽恕了他，她注意到自己内心有些东西复苏了，她对丈夫，对他失去了行动能力这件事，对一切都重燃了柔情。她发现，练习 HEAL 治疗法让她感激她与丈夫在一起的时光，不管这些时光还剩下多少。宽恕把她的新的、旧的内心之门都打开了，而之前她甚至没有考虑过这些可能性。

HEAL 治疗法（完整版本）练习指南

1. 想想你生活中未能解决的不满。选择一个你至少觉得可以有所改变的不满。

2. 练习内心专注法 3 到 5 分钟。把注意力集中到你的心脏周围。确保你在做缓慢的深呼吸，收放腹部。

3. 思考一下你在当下这个特定的情境中希望什么事情发生。做一个希望表达，反映出你的个人的、具体的和积极的希望。

4. 在心中默念你的希望表达："我希望……"

5. 当你的希望表达清楚了，然后要进行自我教导，明白要求事情总是按照自己想要的方式发展是有局限性的。让你的自我教导的范围宽泛一些，心中理解和接受一点——即使你所有的希望都满足不了，你也觉得没什么。

6. 确信你的积极意图，你的积极的长远目标，它就存在于你对当下这个特定情境的希望的背后。

7. 下定决心，心中充满暖意地去坚持你的确信。重复几次你的积极意图。

8. 作一个长久承诺，内容包括：

- 练习 HEAL 治疗法，包括完整版本和简要版本；
- 即使是身处困境中，也要遵循自己的积极意图；
- 学习你需要的技巧，去展现自己的积极意图；
- 按顺序练习 HEAL 治疗法至少两次。

9. 然后，继续作缓慢的深呼吸，收放腹部 30 秒至 1 分钟。

HEAL 治疗法（简要版本）练习指南

任何时候，当你因一个未能解决的不满而感到伤痛或愤怒时：

1. 做两次缓慢的深呼吸，同时把注意力完全集中到腹部。

2. 第 3 次吸气时，脑海中浮现某个你爱的人的形象，或者让你感到敬畏和宁静的某个美丽的自然景象。当人们想象他们的积极情感集中在内心时，他们通常会有强烈的反应。继续缓慢地呼吸，收放腹部。

3. 想一想自己在这个特定的情境下希望什么事情发生。做一个希望表达，反映出你个人的、具体的和积极的希望。

4. 然后进行自我教导，明白要求事情总是按照自己想要的方式发展是有局限性的。

5. 确信你的积极意图，你的积极的长远目标，它就存在于你对当下这个特定不满的希望的背后。

6. 作一个长久承诺，内容包括练习 HEAL 治疗法和遵循自己的积极意图。

为了获得最佳的效果，每天至少练习一次完整版本的 HEAL 治疗法，连续一周。如果你起初每天练习两次的话，效果更好。一些天之后，当你需要时，你也可以运用简要版本的 HEAL 治疗法，这样，你便得到充分的练习。

通过练习 HEAL 治疗法，你减轻了你的不满，你治愈了自己，你重新找回了爱和积极意图，它们成为你许多行为的基础。每当令你不安的记忆或痛苦的情绪出现时，HEAL 治疗法都是特别有用的治疗方法。在其他时候,你会发现默默地对自己重复"希望,教导,确信,长久"是很有帮助的。让这些词汇萦绕在你的心间吧。请记住,通过希望表达、自我教导、确信积极意图和长久承诺,你在努力治愈你的创伤并与现实和解。

第 14 章

成为一个宽恕者的四个阶段

伤害敌人将你置于你的敌人之下；
报复别人只会让你更紧密地跟他联系在一起；
宽恕将你置于他之上。

——本杰明·富兰克林（Benjamin Franklin）《穷理查年鉴》

我希望你抓住机会去练习这些强有力的、被证明有效的宽恕技巧。如果你这样做的话，现在就拥有了与人生中未解决的问题和解的技巧。你便拥有了一些工具，可以去结束旧伤痛对你的控制力，去宽恕那些伤害过你的人。

人们在学习宽恕的过程中会经历四个阶段，当考察这四个阶段时，我发现了这些新的可能性。简而言之，宽恕除了可以帮助人们治愈过去的伤痛之外，还可以帮助人们把在当下和将来形成伤痛的可能性降到最低。换句话说，我们可以运用宽恕去防止再次被伤害。

你已经听到一些真实的故事，看到一些统计数据了，它们都表明：选择宽恕过去的伤痛会帮助我们增进健康，让我们的人际关系恢复正常。以一种有效方式去思考这些益处是可能的，仅仅是因为我们都有选择的能力。我们每个人都可以去选择宽恕或不宽恕，没有人可以强迫我们。如果我想去宽恕某人，没有人能阻止我，不管那个冒犯者的行为是多么恶劣。我们有能力去治愈生活中的创伤并继续前行，选择是否去宽恕便是这种能力的一个例证。

因为我们可以选择去宽恕，我们也就可以选择是否一开始便生气。我对宽恕的理解是，如果我们很少或从不选择生气，生活质量就会提升。既然我们有选择的能力，那么去限制我们被伤害或冒犯的次数不是很有意义吗？

当你在几次伤痛的情境中练习过宽恕技巧，你很快便会发现，你变成了一个更善于宽恕的人。你可能会注意到，你不那么容易生气了，或者你对他人的耐心增加了。宽恕是一种能力——不带怨气地生活，受到伤害时不责怪他人，讲述反映内心宁静和谅解能力的故事，它也是一种选择，在许多情形中都可以去练习。宽恕尽管不是唯一的选择，但是它是应对"厄运的种种灾难"的一种巧妙方式。

在本章中，我将描述人们在学习宽恕过程中所经历的四个阶段。第一个阶段是冒犯者通过伤害形成了对你的控制。随着这些阶段的递进，人们逐渐控制住了怒火。循着本章中所概括的这些步骤，人们会看到，学习宽恕不仅仅是解决过去的伤痛和不满的一种方式。当学会运用宽恕去将当下被伤害的可能性降到最低，也限制了过去的伤痛复萌的次数。

成为一个宽恕者的四个阶段

我假定，要成为一个宽恕者需经过四个阶段。有一个方法可以帮助我们理解这一点，即把宽恕比作将收音机调谐到最喜爱的电台的过程。作此类比时，你得想象有一个模拟收音机，并且不是数码调谐式的。人们在进行调谐时，第一步是将收音机从静态调到一个特定的电台。你可能第一次就偶然发现了你想要的电台。你或许把刻度盘上的所有电台都试过了一遍，听到了你喜欢的一首歌曲的片段。如果信号不强的话，再次发现那个电台是很难的。

要发现你想要的那个特定电台，你得回到听到过你喜欢的歌曲的地方，并调整调谐钮。那个电台起初可能难以辨识，但通过练习，你可以发现它。微调需要一些时间，但是当你确定你找到了正确的电台时，你就会放开调谐钮。然后，当你打开收音机时，这个电台就成为你要去收听的了。

我们知道，收听这个电台并不会阻止我们去发现其他的电台。有时候，其他台会有更好的音乐。我们有时候会想去尝试一些不同的音乐。学习宽恕就像是通过微调去发现收音机的宽恕电台一样。随着你的微调，宽恕电台的杂音越来越多，干扰信号阻碍了你。

不过，就像你对待喜欢的电台一样，当你想要换台时，你也不会被强迫去收听宽恕电台。一旦你收听过宽恕电台，当你需要它时，你就可以再次找到它。如果你没有收听过宽恕电台，你不会知道它听上去如何。如果你没有收听过宽恕电台，关于将来你是否会选择它，你就不会做出一个好的选择。

进行定期的宽恕：从第一阶段到第三阶段

在成为一个宽恕者的第一阶段中，人们体验到了他们生活中的损失，感到愤怒或伤痛，往往会认为他们的负面情感是合理的。任何受到过伤害或愤怒的人都会表现出宽恕的第一阶段特征，本书提到过一些这样的故事。我们在第 6 章中提到过的达琳，对于被未婚夫杰克抛弃一事感到非常的愤怒。在她看来，杰克的行为是错误的，她则相对来说是无可责备的，他的抛弃导致了她的情感痛苦。达琳告诉很多人，她的感觉有多糟糕，杰克的行为是多么恶劣。

在宽恕的这个阶段中，你的内心充满了自己觉得有理的怒火或伤痛。在生活中的某些时刻，你受到了伤害，并且你还对他人的伤害感到愤怒。你觉得是他们的行为而不是你选择的反应，导致了你的不幸。你忘记了你可以选择自己的反应方式，或者，你受到的伤害如此之深，以致你认为宽恕冒犯者是不对的。在宽恕的第一阶段中，通常会有未熄的和潜伏的怒火，还伴有许多的痛苦。

当我们对某人生气一段时间之后，我们意识到自己的伤痛和愤怒感觉并不好，第二个阶段便会出现。我们开始关心我们的情绪平衡和身体健康。我们开始看到，我们的不满对我们的快乐和幸福产生了什么样的后果。有些人在经过一段时间的烦闷之后，开始考虑去修复人际关系上所受到的损害。有些人则决定，他们已经在过去的不满上纠缠太久了，该继续前行了。

不管我们进入第二阶段的动机是什么，我们都采取措施去减轻不满对我们生活和人际关系所造成的影响了。我们也许尝试从他人的视角去看待问题，或者我们说这个问题没什么大不了的，从而降低这个问题的重要性。另一个策略是，我们寻找方法去抚慰消沉的情绪。无论如何，在经过一段时间之后，那个冒犯者已经不再明显让我们感到痛苦了。在这个阶段，我们告诉朋友们，对于那个伤害者，我们的伤痛和愤怒已经放下了。

在宽恕的第二个阶段中，我们注意到糟糕情绪对我们没有益处，因此我们采取了一些措施，从不同的角度去看待事情。当我们采取措施去抚慰我们的情感和身体痛苦时，我们自然也就从和冒犯者的关系中解脱了出来。我们从苏珊身上能看到宽恕的第二阶段特征。她不断地抱怨她的童年时代有多糟糕，她的丈夫巴里终于厌倦了，告诉她不想再听了。起初，她生他的气。她的第一反应是给巴里贴上了蠢货的标签，并立即给她的朋友唐娜打电话确认这一点。

当苏珊平静下来后，她问巴里为什么要对她说那样的话。巴里回答说，她对父母的教养方式太过耿耿于怀了。他说，她一年只跟父母见两次面，过于纠缠父母的教养方式没有意义。她和丈夫的这次对质，让她开始进行宽恕训练。她学习了宽恕方法，这让她同意了巴里的看法。苏珊能够展现出她的积极意图了，她有一位经常见面的、年长的女性朋友，她现在能充分认识到朋友的关爱和教导了。

在成为一个宽恕者的第三阶段，我们记得上一次我们能够宽恕时的感觉是多么美妙。那次宽恕体验可能是15分钟前才发生的，是我们练习HEAL治疗法之后所感受到的宁静，也可能是两年前发生的。在第三阶段，当我们注意到自己正在形成不满时，我们便立即去练习重新关注积极情感技巧或者HEAL治疗法。我们立即就去挑战我们的不可执行的原则。我们这样做，因此问题不会在我们的大脑中占据太多的空间。当我们看到宽恕在行动中的效果，我们选择迅速地排遣新形成的、对他人的不满，然后便进入了第三阶段。

在第三阶段中，当我们受到了冒犯，我们刻意让自己感到受伤的时间变短一些。我们认识到，消极感受会过去的。我们把注意力要么是转向修复我们和冒犯者的关系，要么是不把自己的处境看作是问题。我们学会了去思考解决的办法，而不是抱有不满。我们决定去宽恕，因为我们已经练习了宽恕技巧，并且看到了它在生活中的显著益处。当一段感情、一段办公室中发生的不快，或者与兄弟姐妹间的长期冲突破坏了人际关系时，这个阶段都会出现。

在第三阶段中，我们的控制力更强了。我们知道，我们经历不满情境时间的长短主要取决于我们自己。对于处于此阶段的人们来说，苏珊的做法是个绝佳的例子。她决定，当下一次有人伤害到她时，她就努力不让它变成不满。她决定，如果她的母亲或别人冒犯了她，她不会让它触发消沉情绪。在宽恕的这个阶段中，苏珊开始可以控制她花在愤怒和伤痛上的时间了。她决定将花在烦闷上的时间减到最少，通过练习，她成功了。

成为一个宽恕者：第四阶段

在成为一个宽恕者的过程中，第四阶段是最难的，可能也是最强有力的。在这个阶段，你完全成了一个宽恕者。当你决定首先要去宽恕，放下许多麻烦的事情时，这个阶段便出现了。作为一个宽恕者，你开始对生气具有了抵抗力，你变得更加坚强。你很少生气了，你相信你对自己的感受负有责任，在你所讲述的故事中，你从积极意图去看自己和他人。

宽恕的第四阶段所涉及的是选择很少生气，如果不是从不生气的话。这并不意味着我们要纵容不好的行为。它并不意味着我们变成了受气包。它意味着，只有当生气有用时，我们才会生气。我们不会情绪化地对待伤害行为，而且我们不会将自己的感受归罪于冒犯者。在这个阶段中，我们明白了人是不完美的，我们可以预料到自己有时会受到伤害。当下面这些思考冒犯的方式中的一些或全部出现时，第四阶段同时也就出现了。

当我们以下面这些方式去思考冒犯行为时，第四阶段通常便出现了：

- 我想尽可能少地把自己的生命浪费在愤怒或伤痛所带来的不适上。当事情没有按照我希望的方式发展时，我想做出良好的反应。这个决定让我在必要时宽恕自己、宽恕他人，甚至宽恕生活本身。

- 生活本身就包含了积极的经验和不愉快的经验。我能够适度地希望自己只有美好的经历吗？我希望有美好的经历，并且知道自己可以宽恕不好的经历。

- 应对生活是一个挑战。我想要成为一个生存者，而不是一个牺牲品。我决定要尽可能充分地、充满爱心地去生活，但每一个痛苦的情境都对此构成了挑战。我接受生活所给予我的挑战。
- 当人们不宽恕我时，我知道这是痛苦的。我不想以这种方式去伤害他人，因此我看待问题的方式是，我要么可以成功地应对它，要么可以放下它。
- 生活中充满了美和不可思议的奇迹。如果我陷于旧伤痛或旧创伤的记忆中，我会想念这些美的体验的。如果我走了岔路，我会宽恕自己。
- 人们都会尽力做到最好。当他们犯了错，帮助他们的最好方式就是给予理解。在这个过程中，第一步便是去宽恕那个特定的冒犯，不管它的内容是什么。
- 我不是完美的人。我怎么能要求别人这样呢？
- 每个人包括我在内，主要都是出于自身利益而行动的，我理解这一点。有时候，我的自身利益会与别人的利益冲突而受到伤害，我能预料到这一点。当我理解了这是生活中常见的一部分时，还有什么可烦心的呢？当我理解了我行为的指导原则是自我利益时，我为何不能宽恕别人包括我自己这样的行为呢？

这种思维方式便是宽恕第四阶段的标志。要成为一个宽恕者，这些思维方式并不是唯一的。你们每个人都会发展出自己对于宽恕的思维方式。在你最好的人际关系中，你可能已经具有了类似的思维方式。你们中的许多人拥有成功的婚姻，这种婚姻便处于宽恕的第四阶段。这种婚姻允许你的配偶犯错误，你把精力投入到解决问题之中，而不是去生气、责怪和构造不满的故事。

宽恕的第四阶段的一个关键方面，是学会像一个宽恕者那样思考。另一个方面是，学会每天去练习宽恕。我们不必等到别人严重伤害我们时，才去练习宽恕。练习宽恕可以让我们发展出宽恕能力，就像去健身房能锻炼出肌肉一样。

我建议人们在日常面对小的冒犯和不公正待遇时，有意识地去培养进入宽恕的第四阶段的能力。例如，假如你在当地一家超市的快速结账台（限10件商品）前排队，你看到前面两个人的购物车里有14件商品。想象一下你已经走近了柜台，问问自己会做出怎样的反应。请注意，你有一系列选择。

一种可能的反应是，对买商品太多的人生气。你可以羞辱他们，羞辱允许他们排在队伍里的收银员。另一个反应是，忽略这种情形，拿本杂志来读。或者，你可以和身后的人闲聊，说有大量自私的人破坏了你们居住的社区。或者，你可以利用这个情形，作为你宽恕他们的机会，你可以将超市收银台作为你练习宽恕的地方。当你如此练习了，你真正需要宽恕时，宽恕便是现成的了。

练习宽恕的另一种强有力的方式，是提醒自己：别人并不总是把你的最大利益放在心上。当你检视这个想法时，你会意识到，你也并不总是按照别人的最大利益去行事。从这个角度来看，你很快会发现，人们互相伤害是不可避免的。因此，练习宽恕的机会是很多的。

例如，哈利的老板整整一周都焦躁不安、脾气不好，因为他很担心生病的妻子。他对哈利没好气，根本注意不到哈利的努力。从某种意义上来说，哈利在老板那里受挫，他觉得自己有理。他的老板态度粗鲁，是一个差劲的管理者。从另一个角度来看，哈利也可以问问这有什么大不了的。老板的心思放在他妻子身上、他的担心和他的思想斗争上，而没有放在哈利的感受上。

对哈利的老板来说，他的妻子比哈利的感受更为重要。哈利从中感觉到了问题，是因为对他来说，他的感受比老板妻子的健康问题更重要。哈利可以通过理解自己利益的情形，选择去宽恕老板的恶劣行为。他更关注的是自己，并希望他的老板也这样做。他的老板则更关心自己的妻子，很少关心哈利的感受。当你认为重要的事情与别人认为重要的事情发生冲突时，宽恕为受伤的情感提供了一种慰藉。

不同的自我利益之间发生冲突是不可避免的，认识到这点还有另外一种方式，即记住在所有人际关系中都会出现失望、伤害和创伤。它们会出现在稳定的、长久的婚姻中，出现在爱意融融的家庭中，出现在好朋友之间。每一种关系都有其好的和不好的地方，对每个人来说都一样。正因为如此，所有的关系都为我们提供了一个几乎是无限的机会，可以让我们去练习宽恕，少生气，防止冲突升级。

有时候，别人伤害了我们，只是因为他们做了他们想做的事，而不是我们想让他们做的事。我们大多数时候把这称作自私，但有时候它只是人们做出了自己的决定罢了。当安娜的弟弟戴夫决定和朋友们一起去滑雪，而不是去看望父母时，安娜感觉受到了伤害。安娜通常更关心父母，而不是弟弟。

这一次安娜不得不开 6 个小时的车，一个人去父母家。在路上，她的车出了故障，让她滞留了大约 3 小时。她首先等待拖车，然后等修理店去找她车上所需的部件。你可以想象，她对弟弟感到生气，她认为他自私、不体谅人。当我听了这个故事，我想知道的是，为什么她的弟弟必须去做安娜想要的事，而不是他自己想要的事？他们都是成人了，他们都是独立的。

如果安娜甚至在踏上旅程之前就宽恕了她的弟弟，那么她的感受将会是怎样的？当她的车出了故障，她应该已经对自己的感受负责了，可以免去许多悲伤以及和弟弟间可能爆发的严重对峙。她可以去宽恕戴夫，他只不过就如何度过空闲时间做了一个不同选择罢了。她可以利用这个情境去练习宽恕。

宽恕戴夫绝不是要阻止安娜，不让她邀请戴夫同行。宽恕戴夫也不意味着安娜必须喜欢弟弟做出的选择。宽恕意味着安娜不再把自己的感受归罪于弟弟，它让她明白，她去看望父母，是因为这对她来说是重要的。对戴夫而言，对他们姐弟保持亲密关系而言，看望父母不必具有同等重要性。然后，安娜意识到，她去看望父母，是因为她想要这么做。戴夫不会因为做出了不同的选择，就是一个坏人。当你允许别人有不同选择时，你就可以宽恕他们。通过宽恕，你明白了一点——对你来说正确的事不会对每个人都是正确的。

有时候，当人们没有按照我们想要的方式或在我们想要的时刻来关爱我们时，我们感到伤心。当斯蒂夫的妻子每晚9点就入睡时，他通常感到伤心。对他而言，夜还长着呢，他希望有人陪伴。他想要和她过性生活，而且他情绪化地看待她的疲倦。斯蒂夫早上上班晚，是个夜猫子，他的觉不多。另一方面，玛乔丽关心的是三个年幼的孩子，她得和孩子们一起早起。她整天都待在家里，带两个最年幼的孩子，还要为斯蒂夫打点业务。玛乔丽不是夜猫子，每晚至少需要7个小时的睡眠。一到晚上9点，她就困得眼睛睁不开了。

每当玛乔丽睡着了，斯蒂夫就感觉很受伤，感觉像是被拒绝了。他的受伤感给他们的婚姻带来了一个主要的压力。玛乔丽在他们时间表允许的范围内，努力给予斯蒂夫她所能给予的东西。想一想吧，如果斯蒂夫宽恕了玛乔丽的困倦、她的睡眠周期的不同，以及照顾三个年幼孩子的精疲力竭，他的反应就会有所不同的，而不是每晚当玛乔丽入睡时，他就生气噘嘴。

有时候，不满的产生是由于别人故意伤害我们。伤害者常常为自己辩护说，他们的行为只是对我们施加给他们的伤害的一种反应。斯蒂夫和玛乔丽的关系就是这种方式的一个例子。玛乔丽经常早早就上楼去睡觉，只是为了伤害她的丈夫。她是有意拒绝他的，因为他是如此无视她的劳累。其他时候，她会陪孩子在一起到很晚，这样她就无法分身了。在玛乔丽看来，斯蒂夫是罪有应得，因为他对她太感觉迟钝、太不好了。

斯蒂夫无情地责备妻子。他会在早上抱怨她，当他晚上回到家后又开始抱怨她。他对朋友、家人抱怨说，玛乔丽没有爱心、冷漠和反应迟钝。斯蒂夫尤其会挖苦玛乔丽，有时候，他把玛乔丽叫醒，只是为了找她麻烦。斯蒂夫为自己辩护说，他苛刻地对待玛乔丽，只是对于妻子无法满足他的要求的一种自然反应。玛乔丽和斯蒂夫都为自己不友好的反应辩护，认为这是对方行为造成的。他们允许自己做出伤害的事情，作为对对方行为的反应。

我很愿意去想象一下，如果斯蒂夫或玛乔丽能经常宽恕对方，事态将会是什么样子。想象一下，如果斯蒂夫和玛乔丽都明白，受伤的人往往会做出一些不好的事情，而且他们从对方的不友好行为中都听到痛苦的叫喊。那么，当他们看到对方因痛苦而做出的行为时，他们会明白对方受到了伤害，他们也就不会情绪化地看待对方的行为了。想象一下，如果斯蒂夫和玛乔丽的不友好行为引发了对方做出友善行为的愿望，愿意彼此去分担更多的痛苦，那么，双方或其中一方做出反应时，就会因宽恕而带入了新的感情，而不是带着残忍的感情了。在这个情形中，练习宽恕的机会是非常多的。

最后，我们有一些创伤是源于可怜、糟糕的运气。有时候，我们可能只是在错误的时间出现在错误的地点上。安娜去看望父母的途中，车子出了故障。尽管她在出发前检查了车子，但是在离家 200 英里的地方，她的车子还是抛锚了。安娜责怪弟弟没有与她同行，这让她的处境更糟糕了。她忘记了一点，事故和故障在任何时候都会发生，检查了车子并不能保证它一直运转良好。想象一下，如果安娜宽恕了弟弟，宽恕了她的车子，只是尽可能去享受此次经历，这是多么理想的一次练习宽恕的机会！

克拉克从丹佛坐飞机去洛杉矶看望女朋友。他本该星期五晚上 6 点抵达。他和柯莱特已经相处 8 个月了，总是克拉克去看望她。克拉克到达了丹佛机场，赶上了前一班晚点的飞机。他跑到了登机口，登上了这架比他预期要早两个小时起飞的飞机。这趟班机让他下午 4 点而不是 6 点就到达了柯莱特的房子。克拉克在丹佛机场就试图给柯莱特打电话，但是她的电话占线。

当克拉克到达时，柯莱特并不是很高兴见到他。她很惊讶他来早了。柯莱特在家中工作，还没有完成她的工作。克拉克感觉很受伤，他的第一反应是，他为什么要这么千辛万苦来见她。柯莱特觉得内疚，并为克拉克打扰了她的工作而恼火。柯莱特是那种一心扑在工作上的人。她努力工作，尽情玩乐。

柯莱特处于进退两难的境地。她有工作要做，要赶在最后期限前完成。她也想见男朋友。她知道克拉克需要并要求更多的关注。克拉克的这种要求也是柯莱特让他 6 点到的一个原因。她想有时间完成她的工作，冲个澡，在他到达之前静坐一会儿。克拉克登上了前一班飞机，本来是没有恶意的。他只是碰巧赶上了前一班飞机而已。这一无辜的举动却使双方都感觉不好。一切都源于糟糕的运气，源于两个人都不太会运用宽恕。

宽恕的第四阶段意味着我们要抓住一切可能的机会去宽恕。我们知道受到伤害是很常见的事。我们指望得到和解,指望给予别人无罪推定。我们不会成为受气包。我们主动地去理解宽恕的力量,去理解人们互相伤害的倾向。

你理解了每个人看待世界的方式都有所不同,理解了自己观点的局限性,理解了我们所有人想要的东西都有所不同,因为我们的经历不同。让我用这样的方式来告诉你这一点吧:我提醒你,我们每个人都在观看自己的、特别的电影。你是电影中的明星,电影中有无数条可能的情节线索。你的电影源于你的过去和你的经历,其中充满了你的希望和梦想。

我喜欢把世界想象成一个巨大的包含多个放映厅的剧场。在这个复合体中,我注意到其中有无数的影院。这些影院播放着各种各样的影片。有些人花时间观看恐怖电影,而其他人则偏爱爱情故事。如果约翰刚刚观看了双片连映的西部片,而珍妮观看了《星球大战》三部曲,他们交谈起来就会困难。我们观看的影片不同,我们之间便会起纷争。

达琳对她未婚夫离她而去这件事狂怒不已。在她的电影院里,长期播放的影片是《背叛》。每当她观看这部电影时,她就憎恨另一个主角——她的未婚夫。不幸的是,达琳的未婚夫观看的不是《背叛》,而是《爱情故事》。达琳的未婚夫离开了她,开启了与另一个女人的新旅程。他喜欢无休止地重复播放《爱情故事》,甚至不知道在街边达琳的电影院里正在播放着《背叛》。

我曾经建议人们去观看不同的影片,从而宽恕他人。我曾经对像达琳这样的人说过,你愿意观看哪部影片 400 遍,是《背叛》还是《爱情故事》?如果你的未婚夫喜欢他的电影,他肯定不打算在你的电影院里留下来。在宽恕的第四阶段,你能预料到他人观看的是不同的影片。你不是为此而气愤，而是把注意力转移到你的电影院里，去关注那些坐在你身边、和你一起分享他们爆米花的人。

此外，我们希望能够和观看不同影片的人交谈。你要努力仔细倾听，才能听到他们影片的情节。我通常希望他们来听听我们影片的情节。很多时候，我们只是简单地批评别人去观看了不同的影片。然而，如果我们和他们是有关系的，我们不仅想要知道他们影片的情节，而且想要知道对它们是如何评价。这样，我们便表明了我们在意他们，同时也避免了萌生不满。

阿曼达和乔结婚已经25年了。乔想放慢生活节奏，少工作一些。阿曼达把孩子们抚养成人了，她已经厌倦了做低工资的兼职工作。50岁时，两个人观看的是完全不同的电影。乔的电影是一部观光片，它把他们带到夏威夷过一个长假。阿曼达想要一份待遇高的全职工作，让她有机会去挣一笔她自己的、相当可观的钱。她观看的是《上班女郎》。然而，他们谁也不宽恕对方。两个人都声称自己被误解、伤害了，想知道他们的婚姻是否还有救。

通过宽恕，他们了解到他们可能处在不同的发展阶段。通过宽恕，他们学会了去问他们观看的影片是否一样，如果不一样的话，他们能否告诉对方自己的影片的详情。通过宽恕，他们意识到，他们的积极意图是一致的。不过，他们都明白，他们可能得经过等待才能得到他们想要的一切。作为第一步，阿曼达和乔决定作一次远游，然后交换角色。乔做兼职工作，而阿曼达重回她离开已久的职业生涯。他们同意每年都重新讨论一次他们的决定，讨论的基础便是他们的婚姻必须要维护。

宽恕的第四阶段标志着我们理解了自己有控制情感的能力，以及冲突是不可避免的。请不要觉得你在所有的人际关系中，都必须要和所有人处于宽恕的相同阶段。对于我们深爱的一些人，我们很容易进入第四阶段：敞开心扉，准备好去宽恕。我们许多人对于孩子和配偶的感觉就是这样的。宽恕他们并不意味着我们赞成他们的一切行为；它意味着我们承认自己受到了伤害，但并不因此而把孩子或配偶视为敌人。我们对他们有取之不竭的爱，它让我们进行宽恕。宽恕让我们放下屈辱，一起努力去解决问题。

还有一种情形是，其他人伤害了你，你对他们也没有爱可言。对于这些人，你会多年中一直停留在宽恕的第一阶段。在这个阶段，你对他们的善意之源已经干涸，你无法想象对他们敞开心扉。我写作此书的目的，就是为了帮助你面对这些人。你现在已经掌握了宽恕的工具，你需要继续前行。请记住，对于这些人和所有人，你可以选择去宽恕。在第二阶段，你为了少受一些伤痛，选择了一次宽恕。在第三阶段，你每天都选择去宽恕，以少受点伤痛。在第四阶段中，你成为一个宽恕者，因此你已经做出了选择。在所有阶段，你选择去宽恕，为的都是体验更多的宁静感和康复感。

5年前，当我开始第一次宽恕实验时，我有两个目标。一是教人们如何去宽恕伤害他们的人。另一个则是运用宽恕防止问题和治愈伤痛。我看到，我的客户、朋友和家人有时候会考虑用宽恕治愈他们的大伤痛。通常，当他们想到宽恕时，已经太晚了。他们谈论说，宽恕是多么困难。他们未能充分练习宽恕，因此他们的宽恕能力是低下的。

我想要发展出一种宽恕训练方法，它既可以治愈小伤痛，也可以治愈大伤痛。我想教人们成为一个宽恕者，而不仅是宽恕伤害者。我对你也有同样的愿望。也就是说，你尝试了我教的方法，并意识到你有能力去过一种更加平静、和谐的生活。我想要让你练习宽恕方法，这样，当你需要宽恕时，你就拥有它了。

本书教你如何改变你的伤痛和愤怒反应，这样，生活中的不友好行为就不再让你长时间感到心烦。如果你能预料到事情有时候会变糟，而你又胸怀宽恕，你就会变成一个更加强大的人。当你宽恕了，你开始讲述的故事便充满了伟大的宽容和从容的自我接受。

萨曼莎的丈夫开车载着她撞到了树上，她宽恕了他。实际上，在他失去对方向盘的控制之前，他们一直在争吵、彼此冲着对方大喊大叫。她生他的气，是因为他的风流韵事，而且他无法保住工作。因为萨曼莎能够宽恕丈夫造成的车祸，以及因此而产生的慢性疼痛和医疗账单，她就知道自己能宽恕任何事情了。此外，如果她可以宽恕任何事情，那么她为什么还要心怀怨恨、自寻烦恼，把心烦意乱放在首位呢？这就是宽恕的第四阶段所发生的作用。这就是宽恕的全部力量。

我想以一个有教育意义的故事来结束本章，以免你以为我鼓励你成为一个被动的人，你宽恕每一个人，仅仅是因为他们是人类。这个故事提醒你，你必须要善待自己。尽管你宽恕他人，但是你还得应对一些难缠的人和困难的情境。

很久以前，一个村庄附近住着一位圣人。圣人行走在山间，一天，他碰到了一条响尾蛇躺在草丛间。那条蛇露出毒牙，咬了圣人一口。圣人笑了，蛇因为他的善良和爱而停止了攻击。圣人对响尾蛇说，请它别再咬村中的孩子。他说，它这样就会更讨人喜欢，会减少伤害。

因为圣人所拥有的力量，蛇同意不再咬人了。第二周，圣人路过相同的地点时，看到蛇躺在地上，身旁流了一摊血。蛇用自己剩下的微弱力量告诫圣人说，听他的话差点要了它的命。"我接受了你的建议，看看都发生什么了吧。我血肉模糊了。我试图对人们好一点，不再咬人，现在每个人都想伤害我。"圣人看着蛇，笑着说："我可从未告诉你不要发出嘶嘶声。"

第15章

宽恕自己

> 对于一个你曾经错误对待的人,改变你对待他的方式比请求他宽恕要更好。
>
> ——阿尔伯特·哈伯德(Elbert Hubbard)

在我的宽恕研究项目中,我教人们如何去宽恕伤害者。不管他们是大学生、中年上班族,还是从北爱尔兰来的天主教徒和新教徒,每一个参与者都来学习如何宽恕他人。我已经向你表明,他们如何、为何取得了成功。除了研究之外,我大概3年前开始向公众授课。这些课程向社区中每个愿意学习宽恕技巧的人开放。在这些课程中,我也致力于教人们去宽恕他人。

我注意到了一个情况,即每个班上都有许多人想知道如何宽恕自己。这些人总是试探性地举起手,犹豫不决地问如何宽恕自己的问题。他们会循着这样的线索发问:"宽恕我的母亲(朋友、商业伙伴、恋人、丈夫等)是难的,但是宽恕我自己更难。你的方法对于自我宽恕也有用吗?"

我在很长时间内不知道如何回答这个问题。当我倾听人们的谈话时,我认识到人们在许多事情上都需要去宽恕自己。我听人们谈到,他们纠缠于各种各样的烦心事,我认识到他们感兴趣的是如何去宽恕无论是对他人还是对自己做过的事情。在那些五花八门的故事中贯穿着一个主题，即在某种程度上他们自己的行为是不可接受的，不可宽恕的。

当我们认识到宽恕即是懂得如何去处理对伤痛的反应方式时，自我宽恕这个内在的主题很快便变得明显了。心怀怨恨、构造不满故事并不是放下愤怒和挫折的最佳方式，理解这一点本质上就是一种自我宽恕。为了宽恕他人，我们首先需要学会面对我们的反应方式，以及我们如何保证将来不再重复同样的行为。自我宽恕既是我们学习宽恕过程中一个有益的收获，也是我们学习克服自怨自艾过程中的必备技巧。

四类自我宽恕

在听了人们许多方式的自怨自艾之后，我将自我宽恕划分为四类。第一类针对的人群，是那些未能完成生命中重要的任务，并因此而跟自己生气的人。这些任务可以是个人发展上的，比如获得大学学位；也可以是社会性的，比如结婚或生子。这些人觉得，他们至少在生活的部分领域内是失败者。第二类涉及的人群，是那些认为有必要却没有采取行动的人，这些行动或者为了帮助自己，或者是为了帮助他人，他们因此而对自己不满。第三类针对的人群，是那些因伤害了他人而自责的人。这些人通常是欺骗了恋人或配偶，做父母时表现很糟糕，或者在生意上表现恶劣。第四类所包含的人们，是因自我摧残行为而自责的人，比如酗酒或不愿意努力工作。

这些类别可以帮助我们了解人们自责的最常见的原因。这些类别并不是互相排斥的。也就是说，某人自责可能是因为酗酒并因此而伤害了他人。或者某人自责可能是因为未能维持好一段健康的关系，并因此妨碍他做出一个关键的决定。

特妮是一个近50岁的女人，她面临的自我宽恕问题是如何去结束她困窘的经济状况。特妮未能完成一项重要的人生任务，她因此而自责。特妮简直痛恨自己作为一个成人所作出的经济选择。特妮当了许多年的幼儿园老师。她喜欢这份工作，喜欢孩子，感觉自己的工作对世界做出了贡献。她的丈夫在他们的婚姻生活中质疑她的职业选择，依据是这份工作赚钱机会少。每次讨论都没有结果，因为特妮不愿意放弃一份她如此喜爱的工作。

特妮已经嫁给斯坦15年了，他们有两个孩子。斯坦长病不起后去世了，这让他们的家庭经济状况陷入了困境。特妮从未考虑过赚许多钱的必要性，总认为她的钱够用了。当斯坦去世后，她的教师职业不能再给她和她的孩子们提供充足的收入。特妮所面对的宽恕问题是，她极其悔恨自己没有预先考虑她将来的需要。

内德感觉自己在妻子诺拉和他父亲的矛盾中，他没有做出必要的举措去保护妻子，因此他可以归入第二类。内德的妻子和他父亲彼此憎恶对方。内德已经结婚9年了，在9年之中，每当他父亲见到诺拉时，就羞辱她。父亲经常告诉内德，他娶错了女人，内德出于自己的原因，对父亲的做法坐视不管。

诺拉对他父亲反唇相讥，她经常告诉内德自己是多么讨厌他父亲。内德厌倦了父亲的侮辱，他也不喜欢诺拉的反应方式，他知道，如果他父亲住口的话，诺拉也会停下来。内德厌倦了父亲的行为，但是他为自己无法面对并阻止父亲而感到痛苦失望。当我见到内德时，他说自己不能宽恕父亲如此混蛋的行为，但是他也不能宽恕自己未能保护好妻子。

唐娜不能宽恕自己的行为伤害了别人，因此她属于自我宽恕问题中的第三类。唐娜和丈夫的一位朋友出轨了，这终结了她17年的婚姻。唐娜知道，自己的婚姻状况在许多年中都很糟糕。她和丈夫在婚姻的最后两年都没有性生活，而在此之前，他们的性生活也是死气沉沉的、零星的。

多年之中，丈夫杰夫几乎都很少注意到唐娜。杰夫是一个成功的生意人，他所有的时间都在工作和赚钱。他热爱自己的工作，许多夜晚都是在办公室度过的。他也经常出差，连续多个夜晚让唐娜独守空房。唐娜也是人到中年，她的愁苦是自己在变老，而她的两个十几岁的孩子很快便要从家中搬出去住了。

在困惑和痛苦中，唐娜和一位朋友出轨了，这位朋友的妻子因癌症去世了。她将这段婚外情关系仅仅保持了3个月，但是她在其中感受到了激情，这种激情与她对丈夫的感情形成了鲜明的对照，这些都告诉她，她的婚姻到头了。唐娜同时中止了这段婚外情和她的婚姻。她的丈夫从家中搬了出去，孩子们每隔一周去他那儿过周末。

唐娜和别人约会过几次，但是当她意识到自己正受到负罪感的折磨时，她不再去约会了。她对那段婚外情感到内疚。因为那段婚外情，她对自己结束婚姻一事感到内疚。因为那段婚外情，她感觉自己伤害了孩子们。唐娜感到，出轨意味着婚姻终结是她的过错。她尤其感到悔恨的是，她和丈夫没有去进行婚姻咨询。对这段婚外情的负罪感让唐娜不知所措，尽管她的婚姻破裂还有其他原因。

艾丽卡是一位31岁的女人，她决定，她必须重整自己的生活。艾丽卡的母亲死了，艾丽卡不想让自己的生活也像她母亲那样收场。艾丽卡发现，改变行为、宽恕自己比她想象的要困难得多。

艾丽卡的母亲是一位单亲妈妈，她从未做过一份稳定的工作，从未拥有过一段稳定的爱情关系。她爱女儿，总是尽可能善待女儿。但是她有酗酒问题，也未练就从事一份长期职业所需的技能。从15岁开始，艾丽卡就染上了严重的吸食大麻问题。她还每周末都去喝酒，和许多男人有过短暂的性关系。31岁时，艾丽卡明白了，如果她不改变自己的生活方式，她的结局将会和母亲一样。让艾丽卡难以做出改变的一个因素是，她无法宽恕自己过去的自我毁灭行为。

当我关注像以上提及的这些人的自我宽恕问题时，我起初不确定自己该说什么。我的研究表明，我的宽恕方法对于解决人际关系问题是管用的，但是我从未做过自我宽恕方面的研究。我很感兴趣地发现，其他人也没有做过这方面的研究。自我宽恕作为宽恕的一个方面，是科学尚未触及的领域。至于如何去帮助这些人，我感到并无确信，我不得不对他们说出了实情。当我这样告诉人们时，我对自己的回答并不满意。我知道我漏掉了一些什么，但是我不确信我该拿它怎么办。

在考虑自我宽恕问题几个月之后，我意识到我所教的一切方法经过调整是可以被运用到自我宽恕方面的。我看到，不满形成的基本过程是一样的，所有的不满都源于对不能如愿以偿的消极反应。我意识到，重新关注积极情感技巧是改变情感的一种强有力的方式，不管是针对自己还是针对他人。我意识到，在不满形成的过程中，"不可执行的原则"发挥了主要的作用，对于自我宽恕和人际间的宽恕均是如此。我看到，HEAL治疗法对自我宽恕和人际间的宽恕都有用。我看到，更换频道对于自我宽恕是一个重要的手段。

当我开始探索自我宽恕问题时，我看到人们并不知道该如何做，这是相当普遍的现象。当我开始倾听来参加宽恕课程的人们的诉说时，我看到了自我宽恕是多么重要。如此多的人带着负罪感度过了一生，为他们过去的行为感到羞愧。如此多的人因为某种或另一种行为的失败，而感到不知所措。许多人告诉我，相比于宽恕他人，他们更难宽恕自己。

我明白，自我宽恕常常是人际宽恕的一个方面。莎拉因为放任她的丈夫毁掉了他们的生活而感到自责。丹娜生自己的气，因为她没有捕捉到她将得不到晋升的信号，以及用她自己的话来说，她在一个错误的公司里工作。达琳觉得，她的未婚夫抛弃了她，因为她不够性感。

关于自我宽恕，我开始明白了一个有趣事实。当我们能够正确地看待问题时，宽恕他人是比较容易的。这是因为我们对自己的行为要比对他人的行为具有更大的控制力。准确地说，人际宽恕的困难在于，我们不能改变他人的行为方式。我们对他人行为的控制力是有限的，这种脆弱性是我们产生许多不可执行的原则的核心。我们希望人们以某种方式对待我们，不幸的是，他们往往按照他们希望的方式来对待我们。

达琳想要她的配偶爱她，而他却欺骗了她。玛丽想要她的母亲帮助照看孩子，而她母亲则醉醺醺地出现在她家中。乔纳森希望邻居开派对时能够安静些，但每当他们开派对，他都需要报警。洛琳希望她的儿子在学习上取得成功，而他17岁时却从高中退学了。这些人在生活中都不能控制他人的行为。不管他们如何咆哮或发怒，他们都无法改变不想做出改变的人们。

最重要的是，我们对于自己的行为比对于他人的行为具有更大的控制力。我们总是可以学会用新办法去处理旧事情。我们可以自由地去试验不同的方法，直到我们发现一个管用的方法。我们可以与成功的人交谈，看看他们是怎么做的。我们可以用多种方式改变自己的行为。

因此，在学习成为一个宽恕者的过程中，自我宽恕是一个强有力的手段。在生活中，我们都会做出不好的决定，犯错误，根据有限的信息做出举动。当我们需要去宽恕他人时，学习如何自我宽恕将有助于我们做到这一点。通过练习本书中介绍的宽恕方法，你可以学会既宽恕自己也宽恕他人。在学习成为一个宽恕者的过程中，两者都是至关重要的。

宽恕自己

即使是对于我们自己的行为，我们也没有完全的控制力，当我们明白这一点时，自我宽恕便开始了。每个人都会犯错误。我们都会做出糟糕的决定，并根据有限的信息去行动。作为人类，你和我都会在一些事情上失败，并导致他人受到伤害。想要做到完美是一项不可执行的原则。想要从不伤害他人也是一项不可执行的原则。想要成功始终是一项不可执行的原则。作为人类，我们可以去自我宽恕，请永远不要忘记：我们总有办法提高自己，帮助他人。

对于自我宽恕和做出新的行动来说，主要的阻碍便是习惯。我们每一个人都有难以改变的习惯。内德就是一个很好的例子。每当内德的父亲侮辱他或他的妻子时，内德都不吭声。他害怕对父亲说些什么，然后又痛恨自己让父亲恣意妄为。内德的自我宽恕取决于他有无能力拿出自信，同时宽恕自己未能充分表达他的意见。

很重要的一点是，内德宽恕自己可能比宽恕父亲更为容易。他有能力去改变他不喜欢的行为。他无法控制父亲，他可以选择仅仅是做出不同的举动。内德小的时候，父亲就蛮横地对待他，现在他又蛮横地对待作为成人的诺拉，内德从来都没有以语言还击过他。35年之后，内德终于学会了如何充满确信地对父亲表达自己的意见了。内德的自我宽恕历程，有一部分便是每当父亲越界时，他都学着去告诉父亲这一点。

当你试图去自我宽恕时，你还有第二个便利条件，即你可以弥补自己的行为。当你需要宽恕别人时，你并不能保证他们会道歉或在意。唐娜在那次婚外情之后，在许多场合向丈夫道了歉。唐娜特别注意去支持杰夫管教孩子的方式。内德也对诺拉道了歉，当她抱怨他的父亲时，他也学会了站到她的一边。

在弥补自己的过错时，你会寻找一种方式善待你伤害过的人。艾丽卡参加了12步疗法课程，她信奉其中强调赎罪的那些步骤。当碰到你伤害过的人已经死亡或见不到的情形时，你可以对别人提供一种象征性的善意。你可以到养老院帮忙，以取代你对去世的父母的孝心。当你想要补偿你的已经成人的孩子时，你可以到一个学校去当助教。你也可以将钱捐献给慈善机构，以弥补你在经济上的不法行为。

在最低限度上，每个人都可以为自己的不良行为进行真诚的道歉，然后重新开始。如果你伤害的人是你自己，你可以学着温和地与自己交谈。你可以强调自己的优点，明确地说出你的长处。你可以奖赏自己身上的积极变化，并宽恕你失败的方式。

在对自我宽恕问题经过相当长一段时间的深思熟虑之后，我在一个高级班上介绍了这些想法。在这个班上，我探索的是如何运用我的宽恕方法去进行自我宽恕。这个后续班级是为那些已经参加过我的人际宽恕课程的人开设的。这些学员已经知道如何进行人际间的宽恕了，我又教他们如何将我的宽恕方法运用到自我宽恕上。我教已经学过我的宽恕训练法的人们去宽恕自己。因此，我建议你在处理与别人的关系时，首先练习这些方法，从人际间的宽恕开始。当你已经取得了一定程度的成功时，再在寻求自我宽恕的过程中尝试这些宽恕方法。

这并不是说自我宽恕与人际间的宽恕大相径庭。我的工作和研究的一个很大的益处，便是理解了宽恕一个冒犯与宽恕另一个冒犯之间并无不同。自我宽恕在许多方面和人际间的宽恕过程是一致的。宽恕的最高目标是一样的，都是体验到内心的宁静。我们希望能够接受自己的错误，并在必要时改正它们。我们不需要无休止地去受苦。我们可以宽恕自己的失败，做出必要的改变，继续前行并履行我们的积极意图。

内德和唐娜的故事告诉我，长期地对自己不满，其危害性相当于甚至高于对他人的不满。

内德可能想过，他很久以前就应该去制止父亲的羞辱行为。事实上，内德只有准备好了，他才能去制止父亲。同样清楚的是，内德持续地对自己失望，这对他采取建设性的行动并无助益。或者，艾丽卡可能痛恨她自己的部分生活方式，但是我们再一次地看到，艾丽卡直到经过适当的训练、获得充分的动力，她才能改变自己的生活。她需要从宽恕课程中学会自爱。

在某种程度上，特妮面对的困境要更困难一些。她除了在经济方面缺乏计划之外，没有做过什么不对的事情。特妮不能从工作中获得足够的报酬，她丈夫的去世让她面临着生活境况的剧烈变化。特妮面临一个艰难的任务，她要学习新的工作技能，放弃她喜爱的工作。这些转变是困难的，她起初被这些窘境害惨了。特妮需要去宽恕自己。

人际间宽恕的三个步骤也可以以相似的方式运用到自我宽恕之中。宽恕的三个组成部分是：

1. 不那么情绪化地对待事情。
2. 对自己的感受负责。
3. 讲述一个积极意图的故事。

在第1章中，我论证了太过情绪化地对待事情是如何开启不满的。唐娜有了婚外情，艾丽卡滥用毒品，内德没有勇敢地面对父亲，特妮陷入错误的职业中。当我们意识到，我们所犯的错误并不是个案，宽恕便开始了。请记住，你所犯的每个错误都已经被别人犯过无数次了。你没有犯下新的罪恶或者创下新的失败。你所做的只是以一种常见的方式对人类困境作出反应罢了。尽管你可能做过一些不好的或笨拙的事情，但它们都已成为过去，通过宽恕，我们可以学到并实践更好的反应方式。

我们都是人，都会犯错误，理解了这一点，我们就学会了不那么情绪化地对待事情。在某些事情上，我们每个人都会潜在地不友善或可能失败。没有人能免除人类的这方面问题。我们可以宽恕、学习和成长，而不是一直一蹶不振、停滞不前。羞愧、窘迫和内疚,这些情感对我们的成长没有帮助。当我们理解了我们都会犯错误之后,宽恕就容易了。

当人们不再把他们的感受归罪于过去的行为时,自我宽恕的第二步便开始了。内德不断地自责他没有勇敢地面对父亲;特妮为自己没有看清将来、坚持做一份收入卑微的工作而气愤不已;唐娜因自己有了婚外情而裹足不前;艾丽卡痛恨自己的行为和母亲如出一辙。这些人都既是他们行为的牺牲品,也是他们对自己行为的反应方式的牺牲品。

我教给他们每一个人重新关注积极情感的技巧,让他们每个人在练习时,仿佛是在宽恕他们的父母或配偶。我教他们每个人去树立可以执行的原则,仿佛他们是在宽恕邻居或上司。我提醒他们,他们是可以宽恕自己的。我提醒他们每个人,他们可以再次感受到内心的宁静。

我的目标是帮助唐娜、内德、特妮和艾丽卡对自己的感受负责。当我看到他们过去的行为让他们沉浸在痛苦中时,我感到难过。我的目标是帮助他们重获内心的平静,这样他们的脑子里就不会充斥着不满了。我的目标并不是帮助唐娜、内德、特妮和艾丽卡无视他们的错误或纵容他们的行为,而是教他们宽恕自己,这样他们就可以学习并实践更好的反应方式了。

当我们重新确立自己的积极意图,将不满故事改变成宽恕故事时,我们便进入了自我宽恕的第三步。当我们生自己的气时,我们进行宽恕,就像是对最好的朋友这样做似的。不满故事关注的是冒犯,以及我们的不好感受。当我们把我们无法应对的坏事告诉自己和他人时,它就充斥在我们的脑海里。

尽管内德是一位成功的商人,拥有稳定的婚姻,他还是把自己看成是一个失败者,因为他没有勇敢地面对父亲。他对自己的不满——不敢面对父亲,歪曲了他对自己的看法。内德会把他受到的称赞视作玩笑,因为如果称赞他的人知道他是多么懦弱的话，他们是不会称赞他的。唐娜在结束那段婚外情之后，它在很长时间里都还是她自我对话的主题。她谴责自己结束了婚姻，尽管这段婚姻已经破裂多年了；她把自己看作是坏人，而不是一个在压力之下做出了糟糕决定的女人。

特妮失去了丈夫，失去了工作，感到自己很失败，这些都让她消沉。失去了配偶和工作是够糟糕的了，但是特妮的自责让事态变得更糟糕了。她想，丈夫的死非她所能控制，但一份报酬较好的工作则是她可以控制的。特妮的想法除了有一个巨大的错误之外，其他都是对的。你过去的一切都是不可改变的，只有现在是你当下可以控制的，只有现在是能够被改变的。

在母亲去世之后，艾丽卡照镜子时不喜欢镜子里的自己。她看到的是一个失败者——一个离不开毒品的女人，一个爱情上的失败者。当她自责时，她遗漏了母亲的抚养对她成长的影响。更为重要的是，她忘掉了渴望做出改变的自己在个人发展中的作用。

这四个人在生活中都想做出改变。他们都明白自己需要做一些事情去提高生活质量。不幸的是，他们构造了不满故事，而不是为自己的损失感到悲痛并做出必要的改变，这增加了他们的痛苦。他们都宽恕了自己，这在很大程度上是因为他们改变了自己的不满故事，表现出了他们的积极意图。

特妮、艾丽卡、唐娜和内德，他们每个人都将自己的不满故事转变为一个新的故事，这个新故事反映了他们的希望和积极意图。对特妮来说，她的积极意图是照顾好自己的孩子。她发现，这个充满爱意的目标就藏在她的挫折感和失败感之后。她生自己的气，主要是因为她把孩子置于危险的境地。当特妮重返校园，学会了电脑技术，她提醒自己她爱孩子，正是这种爱让她支撑了下来。

艾丽卡看到，自己身上可爱的那一部分自我想要把她从艰难的生活中拯救出来。母亲的离世促使这部分可爱的自我投入到行动中。她改变了自己的不满故事，表现出了自己可爱的一面，专注于自己的梦想和将来的目标，而不是痛苦的过去。

唐娜的积极意图是创造一段成功的、长期的婚姻关系。她的第一段婚姻以失败告终，她不想因此就对婚姻绝望。唐娜看到，为了避免她与杰夫在婚姻生活中出现的问题，她必须学习更好的沟通技巧。她明白自己和杰夫在一起时显得不够自信，而且她还欺骗自己，以为事情会神奇地好转。

在离婚之后，唐娜下决心去等待一段新的婚姻关系。她失望地看到，她自己会做出一些不好的行为，比如发生婚外情。因此，她对自己负起责任，去见一位心理治疗师，想要发展出新的自我来。她想了解自己，从而希望与另一个男人建立起一段更牢固的婚姻关系。

内德的积极意图是尽力去保护和捍卫他的婚姻。这意味着他会站到诺拉一边，而不是他父亲的一边。他评判自己的行为是否成功的标准是他的婚姻质量如何，而不是他的行为对他或他父亲有何效果。当他这样做时，诺拉成了他的同盟者，并给他提供了指导和支持。内德认识到，只要他脑子里充斥着父亲，他就不会有太多的精力考虑诺拉。当他遵循自己的积极意图，他父亲的反应对他而言就变得不那么重要了，诺拉的支持变得绝对重要了。他们团结起来，一起学习如何自信地与内德的父亲交谈。

运用 HEAL 治疗法进行自我宽恕

经过一些简单的调整，HEAL 治疗法就可以运用到自我宽恕中。

HEAL 治疗法中的"H"代表的是希望。当你表达了自己的希望，你就提醒自己，你渴望或希望以某种特定的方式行动。你希望去做一个好的配偶，去赚钱，去得到一份工作或晋升，去成为充满爱心的父母，去保护你爱的人，去成为一个健康的人，或者去待人以尊敬或诚实。内德想要维持和诺拉间的恩爱关系，哪怕他面对苛刻的父亲的挑衅。他想保护她不受他父亲的侮辱。他的希望表达以"我"开头，并集中表现了他的特定目标："我想勇敢地面对父亲，当他批评我的妻子时。"唐娜的希望表达是，"我希望以一种完美的方式结束与杰夫的关系，保护他的尊严和我的尊严"。这两个希望表达都是积极的、个人性的和具体的。

HEAL治疗法中的"E"代表自我教导。在自我教导中，我们教导自己，事情可能不会按照我们喜欢的方式发展。艾丽卡的自我教导是，"我希望自己在31岁时能够清醒、能干"。艾丽卡致力于改变，尽其所能，并等待结果。她尽一切努力去改变她的生活，但还是会遇到失望之时或者毒瘾复发。这些不会让她成为一个失败者，它们让她成为人。她提醒自己，许多人都是进两步，退一步。对唐娜来说，一个恰当的自我教导可能反映了人际关系固有的局限性。她希望自己的婚姻能体面地结束，不过她也意识到，完美的结束并不总是可能的。她的自我教导是，"许多关系尽管带有最好的意图，也以伤痛而告终，我理解并接受这一点"。

当你在进行自我教导时，请记住其中包含两个部分。第一个部分是一般性的陈述，承认每个希望都有失败的可能性。比如：我只能尽我所能；许多爱情关系以混乱收场；父母们经常难以正确地表现出他们的爱；人们经常对他人的行为感到失望；我不会如别人所愿地对每个人回报以爱。自我教导的第二部分是，你理解并接受这种不确定性。

我想强调一点，自我教导并不意味着你可以纵容自己的伤害行为。你不赞成配偶有外遇，同样也不赞成自己这样做。你可以不认可自己的行为，同时理解你的行为是常见的。你可以不认可你的行为，并努力去改变或弥补它。你可以去道歉，并希望自己被宽恕。在自我教导时，你所说的是，做出伤害的事情并感到痛苦是人之为人的正常组成部分，你接受这一点。

HEAL 治疗法接下来的一步是"A"，它的意思是确信你的积极意图。为了发展出自我宽恕，一个有用的积极意图是体验到更大快乐的愿望。你可以学着去谈论自己错误或糟糕的选择，把它们看成是失败的尝试，这样你就可以发现快乐。然后，你可以把自己的积极意图描述成学习更好的方式，让自己变得快乐。

人们常常因为他们所犯的错误而一蹶不振。艾丽卡思来想去的都是她的失败，关注的是她的毒瘾。她最终明白了，她做很多事是为了让自己快乐。对艾丽卡而言，快乐是一个好的目标，但是她过去用来实现这个目标的方法是不对的。她的积极意图故事接下去便是，吸毒是错的，而且并不能获得快乐。她确信，她自己的快乐是重要的，她打算尝试更有成效的方式，去让自己感觉好起来。她的确信表达是，"我致力于持续的、有益的方式，以让自己感到快乐"。

HEAL 治疗法的最后一步"L"，代表的是对自己的幸福做出长久的承诺。每一个长久承诺都包含以下内容："我做出一个长久承诺，承诺遵循自己的积极意图并运用 HEAL 治疗法。"你们有些人可能已经发现，要表现出自己的积极意图，你得学习新技能。然后，你可以对你的长久承诺作出补充："我做出一个长久承诺，承诺去学习成功所需要的一切新技能。"

在自我宽恕中，你的长久承诺也可以包含新的内容——承诺去补偿你伤害过的人。唐娜提醒自己，她多么想善待杰夫。她鼓励孩子们去看他，在孩子面前高度称赞他。内德提醒自己，他想要和妻子待在一起。

他让自己经常心存感激，提醒自己能成为诺拉的丈夫是多么幸运。他这样做，从而不把她对他的爱当成是理所当然的。这样，他将再也不允许他的父亲疏远他和诺拉的关系了。

为了发展自我宽恕能力，我们必须下定决心停止我们的破坏性行为。特妮坚定不移地认为，她永远也不会放弃去找一份收入更多的工作的愿望。她做出的长久承诺是获得经济上的富足。她的积极意图是去关爱她的孩子，她的长久承诺包括定期去计算机学校学习，节约开支，并学习经济管理方面的课程。

艾丽卡的长久承诺是保持清醒，养成好的工作习惯。艾丽卡定期去参加12步治疗法课程，开始治疗，并寻找一位良师益友，帮助她培养出好的工作习惯。这些行动都因她的积极意图而起，即把注意力集中到她想要得到更大的快乐这一点上。有一段时期，她定时练习HEAL治疗法，直到她对自己的怒气减轻了。艾丽卡的生活发生了积极的变化，其中一个关键的原因是她宽恕了自己。

自我宽恕在许多方面与宽恕他人一样。二者都涉及少生气，对自己的感受更负责，以及改变我们的故事，在其中反映出我们的积极意图。二者的动力都是治愈自己——尽我们所能地创造出最好的生活，为我们自己，为我们所爱的人，为我们生活于其中的社区。

没有人是完美的，每个人都有缺点。宽恕自己是宽恕的另一种形式。以下是自我宽恕的9个步骤：

1. 确切知道你对自己行为的感受。能够清晰地说出你具体在哪一点上做错了，以及它造成了什么样的伤害。把你的感受说给几个你信任的人听。

2. 明白你的目标是什么。宽恕就是让自己感到平静，即使你做了让自己后悔的事。你不一定要和你伤害过的人和解。

3. 自我宽恕可以被界定为一种认识，即认识到每个人包括你自己都会犯错误，认识到通过弥补过错和培养出更好的行为方式，可以消除责备和羞愧，认识到你可以改变和放下自己的不满故事。

4. 认识到你的主要痛苦来自你痛苦的感情、思想和你现在正体验到的身体上的不适，而不是你两分钟以前或10年前做过的事。

5. 每当你感到心烦意乱时，练习放松压力技巧，缓解你身体上的抗争／逃避反应。

6. 当你要求自己一直讨人喜欢和能干时，要认识到这是你的不可执行的原则。提醒自己，每个人都会犯错，都有许多东西需要学习。提醒自己，没有人是失败者：我们每个人只是在某个特定时间和地点无法成功地完成某件事而已。

7. 学会去做正确的事情，而不是感觉不好。如果你伤害了他人或你自己，不是在思想上回顾那个伤害，而是寻找道歉、弥补的方法，必要的时候，还可以去培养新的技能，这样你就不会再次犯同样的错误了。

8. 欣赏自己的优点。每天抽点时间回顾你做过的好事和可爱的事情。

9. 修正你的不满故事，在其中反映你选择去学习、成长和宽恕等英勇举动。

第 16 章

结　语

我们每一个人都体验过伤痛,它可能来自朋友、恋人、家庭成员或生意伙伴。每当我们萌生了不满,我们都对未能如愿以偿做出了拙劣的反应。本书教你如何更加巧妙地去应对你所感受到的伤痛,为你提供一些科学上已证明有效的手段,去治愈这些伤痛并继续前行。

你已经了解到,宽恕并不等同于赞同不友善的行为。宽恕并不意味着你不得不与虐待你的人和解。你不必忘记过去发生的事。宽恕并不意味着,当你受到伤害时,你躺下身,甘当受气包。

宽恕意味着,即使当我们感到痛苦、受到了不好的对待,我们也能去发现内心的平静。宽恕意味着,我们在被抛弃或失恋之后还继续前行。它意味着我们对自己的感受负责。宽恕意味着我们学着不那么情绪化地去看待痛苦的事情。宽恕意味着我们重新表现出自己的积极意图。宽恕意味着我们改变我们的不满故事。宽恕意味着我们不会仅仅因为受到了伤害,就不再去欣赏玫瑰的芳香。宽恕意味着我们做出更佳的选择去指引我们的人生道路,宽恕意味着我们感觉好多了。

杰里米的老板欺骗了他,他心平气和地对待这件事。莎拉的丈夫虐待她,她坦然处之。丹娜没有得到她应得的晋升,她宽恕了这件事。苏珊娜的丈夫开车出事,毁坏了车子并导致了她长期的身体疼痛,她宽恕了丈夫。有些人的家庭成员被谋杀了,在学习宽恕之后,他们感觉身体和情绪上都改善了。本书给你提供的就是打开宽恕之门的钥匙,让你去体验到同样的康复感和宁静感。

不满产生的过程和宽恕的过程就像日食一样。日食的时候,太阳似乎消失了。但是它只是没有出现罢了;它只是被月亮遮住了。当我们萌生不满时,友谊、爱和美这些温暖的东西都从我们的视野中消失了。不满像月亮一样,遮住了太阳。当我们去宽恕时,我们记得日食只是短暂的现象。我们记得地球上其他地方的人们能清清楚楚地看到太阳。怀抱宽恕之心,我们便会明白:随着我们视角的改变,太阳终将重现明亮的光芒。

你们许多人都还记得《让我们做个交易》这个电视竞赛节目吧。在节目中,参赛者会被问到他们是否愿意卖掉他们带到节目中的小饰品,从而得到一个或多个奖品。参赛者可以得到色彩鲜艳的盒子和钱,或者可以选择某个帘子后的东西。没有哪位参赛者知道他们能交换到什么。节目的目标是让每位参赛者都交换到他们能够得到的最好的奖品。其中含有冒险的成分,因为一旦一位参赛者在下一轮交换中接受了什么东西,他们也就失去了一些东西。大多数奖品都是好的,但是有时候参赛者做出了交换,只得到了废物。在节目最后,赢得最珍贵奖品的两位参赛者会被问到,他们是否愿意去交换当天最大的奖品。参赛者需要从三个门中选择一个,得到门后的奖品。有时候,奖品值很多钱,比如车子或家庭影院,客厅家具或昂贵的旅游套餐。大多数奖品是值钱的,但有时候参赛者只得到了一只驴、一书架旧报纸或一堆旧轮胎。这些不值钱的奖品被称作为"破旧玩意儿",它们时而会出现在节目中。"破旧玩意儿"是残酷的奖品。

那些得到"破旧玩意儿"的参赛者的反应总是让我很着迷。我发现,看他们如何去应对失望是很有趣的:他们上了一个游戏节目,但未能带一套家庭影院回家,而是变成了一堆旧轮胎的"骄傲"的主人。有些参赛者明显很生气,看着要么是愤怒,要么是快哭了。然而,有些人微笑了,大笑了,感谢主持人让他们参加了游戏。他们似乎明白,当他们参加一个游戏时,他们并不总能成为赢家。

我现在明白了,那些参赛者失败了,却没有忘记这只是一个游戏,他们实际上是相当宽容大度的。显然,他们想赢得大奖。显然,他们没有得到他们想要的东西。不过,这些人没有情绪化地去对待他们的损失,他们没有责怪那个游戏节目扫了他们的兴。他们讲述自己的经历时,说出的当然不是一个不满故事,尽管他们很失望。他们从节目中离开了,尽管他们失败了,但他们玩得很开心。

当我听到人们讲述他们被虐待或伤害的故事时,我经常会想到《让我们做个交易》这个节目。这些人时常忘记了,在生活的游戏中,"破旧玩意儿"也经常出现。实际上,生活的游戏规则中包含了无数的失败、痛苦和失望。既然规则中写入了"破旧玩意儿",那么失败也就是可能的了。正是这种可能性使得胜利更加令人满意。

参加生活的游戏意味着我们最好对出现在我们面前的"破旧玩意儿"有所准备。我们的真正机会是,我们毕竟参与到了游戏之中。我们庆幸自己活着,我们有机会去学习游戏的规则,并尽我们所能地参与其中。

在本书的最后,我将简要地概括一下宽恕的过程。这个梗概并不是为了替代本书的内容,而是提醒你从伤痛和创伤中恢复的过程中要采取哪些步骤。宽恕的这九个步骤是对我的方法的一个很好的概括,但不是完全的概括。它们凝练了宽恕的过程,不管是宽恕自己,还是宽恕他人。

宽恕的九个步骤

1. 确切地知道你对发生的事的感受，能够清晰地说出那种情形中有什么不对的地方。然后把你的感受告诉给几个值得信任的人。

2. 对自己做出承诺，去做你必须做的事，让自己感觉好起来。宽恕为的是自己，不是为别人。甚至没有其他人必须要知道你的决定。

3. 理解你的目标。宽恕并不必然意味着要与让你生气的人和解，或纵容他们的行为。你所追求的是内心的宁静。宽恕可以被界定为平静感和宽容，它们源于如下的行为：少责怪伤害你的人一些，不那么情绪化地对待受伤的经历，改变你的不满故事。

4. 从正确的视角去看待正在发生的事。认识到你的主要悲痛源于你的痛苦的感情、思想和你现在正在遭受的身体不适，而不是两分钟前或10年前冒犯或伤害你的事。

5. 当你感到烦恼时，练习重新关注积极情感技巧，以缓解你身体上的抗争／逃避反应。

6. 不要期望从其他人或生活中得到你没有被给予的东西。认识到你的不可执行的原则，比如关于自己的健康的或者你或其他人必须如何做的。提醒自己，你可以渴望健康、爱、友谊和成功，并且通过努力去获得它们。然而，当你并没有力量让它们出现，而你又去要求这些事情发生时，你就会遭受痛苦。

7. 把你的精力放到寻找其他方式实现你的积极目标上，而不是沉湎于伤害过你的经历。换言之，发现你的积极意图。不要在脑子里回顾你的伤痛，而是寻求新的办法去得到你想要的东西。

8. 请记住，好好地生活下去就是你最好的报复。不要把注意力放在你受伤的感受上，这样你就赋予了伤害者以控制你的力量。而是要学会去寻找你身边的爱、美和善。

9. 修正你的不满故事，在其中提醒自己你所做的英勇的选择——宽恕。

为了回顾这9个步骤，并把它们运用到一个具体的故事中，让我们看看玛洛琳的故事吧。玛洛琳25岁，是一位有魅力、甜美的女孩。她说她的母亲是个冷漠的、拒人于千里之外的人，而她的父亲是个安静的、不引人注目的人。在成长的过程中，她感觉自己没有吸引力、没有人关爱，并努力去建立良好的人际关系。她的父母在生意上很成功，玛洛琳在一个中上阶层的街区中长大。

玛洛琳来参加我的宽恕课程，是因为她的未婚夫斯基普不再忠诚于她了，他更感兴趣的是和当地一个鸡尾酒女招待上床。玛洛琳把这次背叛当作例证，来说明这个世界是多么冷漠和不公平。它表明她从未交上好运。玛洛琳感到愤怒、伤痛、困惑、害怕和孤独。斯基普搬了出去，但是玛洛琳考虑要乞求他回到自己身边。

当我在课上见到玛洛琳时，我可以看到她眼中的伤痛，以及她举止中的悲伤。和她交谈的时候，她很难不提到一个或多个曾经伤害过她的人。她有无数的不满故事——一个很长的清单，从她父母的行为到现在成人世界的种种背叛。

玛洛琳对宽恕过程中的第一步很满意，表现得就像一个行家一样。她能够判断出自己不喜欢未婚夫行为的哪些方面，极其详细地知道她对此的感受。她告诉每个愿意倾听的人，斯基普是个多么卑鄙的家伙。显然，宽恕的第一步对她来说没有问题。

然而，学习宽恕的第二步和第三步对玛洛琳而言是个挑战。她是如此痛苦，以至于她无法进行连续的思考。她认为斯基普是她受苦的原因。对她来说，这是一个陌生的概念：她想要治愈自己，只是为了自己的幸福。她认为治愈只意味着一件事情：她和斯基普的关系恢复正常。她甚至考虑允许他回到自己身边，因为她认为其他人永远不会觉得她有吸引力。

玛洛琳对宽恕的误解阻碍了她的康复。她认为，宽恕斯基普意味着她一辈子都得当受气包，意味着她得和斯基普在一起，觉得他的欺骗没有什么。她把宽恕和纵容斯基普、与他和解混为一谈了。她最终认识到，宽恕意味着当她想起斯基普时，她可以保持平静，他对她的痛苦不负责任。她还认识到，宽恕让她可以自由地做出对她的生活最好的决定。

宽恕的第四步对玛洛琳也是个挑战。她努力去理解，为什么控制当下的感受方式比回顾过去发生的事更加重要。她已经养成了习惯，即无休止地谈论她的过去、她的父母和冷淡的亲子关系如何限制了她的选择和幸福。她很难相信，一遍遍地关注过去是她当下悲痛的原因。宽恕始于当下这一见解对她来说是个挑战。

我向玛洛琳强调说，我们无法改变过去，但是我们可以改变的是，我们在大脑中给过去的伤痛分配多大的空间。我告诉玛洛琳，她无法改变过去，但是她可以减少责怪的次数，改变把今天的感受归罪于过去的做法。我对她解释说，当她练习宽恕技巧时，她就可以做到这些事情。然后，我向她讲授了宽恕的第五步——重新关注积极情感的技巧。她一开始练习，脑子里就开始闪现出微光。她立即感觉到，缓慢的深呼吸影响了她的感受。通过练习重新关注积极情感技巧，她获得了一种控制伤痛和愤怒的简要方法。当她不练习重新关注积极情感技巧时，她就陷于心烦意乱的状态之中，不断地把自己的感受归罪于她的前未婚夫。痛苦、愤怒和消沉导致我们去责怪他人，结果我们感到更加痛苦、愤怒和消沉。当玛洛琳练习重新关注积极情感技巧时，她发现自己可以决定在大脑中给她的前未婚夫分配多大的空间。

玛洛琳同时也去练习宽恕的第六步，试着去挑战自己的不可执行的原则。尽管她想要斯基普爱她、忠诚于她，但是让他这样做显然是不可能的。他的行为不断地提醒玛洛琳，他做他想做的事，她对他的控制力是有限的。玛洛琳也开始检省自己的一个看法——她的父母毁掉了她的生活。她注意到自己有一个不可执行的原则，即她的父母必须爱她、善待她。父母对玛洛琳表现出了一些爱和关心，但也表现出了残忍和缺乏关爱。父母的行为提醒她，不管她如何希望事情按照自己的意愿发展，但是她没有力量去控制他人的行为。玛洛琳一直坚持要改变自己的过去，从而让自己注定陷入责怪、冒犯和受苦这一无休止的循环之中。

随着宽恕训练的深入，玛洛琳养成了练习 HEAL 治疗法的习惯。她开始正视自己的苦难，开始问自己在试图执行哪些不可执行的原则。我向她强调说，除非她要去改变她无法改变的事情，否则她是不会如此烦恼的。玛洛琳看到，试图改变她前未婚夫的行为总是让她痛苦和无助。她渴望一些事情，它们未必就会成真，她开始能够理解这一点了。她也理解了，如果她的原则更加合理的话，她就不会如此烦恼。因此，玛洛琳明确了自己的责任，要去树立更多的可以执行的原则。这种练习的结果是，她意识到她更能控制自己的感受了，而不是受别人行为的控制了。

由于她的努力，玛洛琳最终能够问自己一个具有启发性的问题了——"我真正想要的东西是什么"。通过问这样的问题，她发现斯基普和她父母不再控制着她的生活了。她意识到，如果他们控制不了她的生活，那么能控制的人一定是她自己。随着这一洞察，她开始致力于发现自己的积极意图，这便是宽恕过程的第七步。玛洛琳意识到，她的积极意图是学会如何去重视自己和自己的行为——它与结婚关系不大。她发现，自己感觉良好相比于别人对自己感觉良好要更加重要。发现自己的积极意图帮助玛洛琳把注意力集中到创造未来而不是悲叹过去上。随着她承诺要学习新的技能，一个强有力的积极意图便在她的思想中产生了。

积极意图让玛洛琳在生活中做出了改变，这是宽恕的第八步。她改变了自己的故事，其中融入了她的目标——在自己身上找到值得认可的东西。她讲述了一个新的故事，内容是她如何认识自己，以及她是多么难以赞赏自己。她谈到，责怪他人、抓住过去不放都阻碍了她治愈自己。她谈到了自己去进行心理咨询、寻找男性朋友而非恋人以及欣赏自己的良好品质的过程。她并没有掩饰自己面对的困难。她把过去的种种困难从中心舞台移开了，而把她的积极目标放到了聚光灯下。

玛洛琳发现，积极意图帮助她腾出了精力，这样她就可以找到实现自己需要的其他方法了。她意识到，无论是斯基普还是她的父母，都不会以她想要的方式去赞赏她。她不得不自己去发现她身上的优点。培养一个新的习惯是困难的，玛洛琳理解这一点。她过去习惯于看到杯子空着的一半。她明白，她的任务是反复训练自己的思想，直到看到她的杯子可能已经满了。

玛洛琳开始正视自己的生活，发现自己过去是个好学生，在学校里总能得到很高的分数。她学会感谢父母在生意上的才智，他们保证了她可以上全日制的大学，她感谢他们给予她这个自由。她留意去感谢她生活过的美丽社区，她赞美自己拥有极好的日常锻炼习惯。

当玛洛琳开车和看电视时，她还练习"感恩"呼吸法。当她购物时，她特别注意去赞叹她有机会购买如此琳琅满目的商品。她学会在当地的购物中心驻足一会儿，感谢那里所有的工作人员。她会走进当地的一家超市，用片刻时间去感谢面前极大丰富的食物选择。

她的父母在经济上是成功的，为她提供了未曾间断的经济援助。玛洛琳知道这种经济上的成功并不预示着感情上的关爱，她体验过父母更关心生意而不是抚育孩子所带来的痛苦。她多年中都在思考自己失去的东西。现在她看到，父母在经济上的成功也是一桩幸事，因为它确保她可以无忧无虑地去上全日制大学。玛洛琳练习宽恕，并明白了那句谚语的价值——好好活着就是最好的报复。

宽恕课程结束一年后，我无意中碰见了玛洛琳，我为她的变化感到高兴。她充满了活力，笑容可爱。当我问到斯基普时，她差不多都忘了："斯基普是谁？"相比于谈论斯基普，她更想谈谈她对自己的了解有多深。当我问到她父母时，她提到她与父母的关系改善了。玛洛琳接受了他们能够提供的东西，并且意识到他们在感情付出上的巨大局限性。作为一个成人，她明白她才是为自己创造美好生活的唯一人选。她学会了不去追究父母的责任。她宽恕了他们的错误。

玛洛琳身上发生的最大变化，是她谈到曾经的不满故事时的方式。她谈到了自己一直在努力前行，她通过深思自己的积极意图而做到了这一点。她自豪地谈到，自己宽恕了斯基普，并学会了如何照顾自己。她坚信，因为她宽恕了斯基普，宽恕下一个伤害她的人将会更容易。玛洛琳很用心地去进行宽恕训练。她完成了宽恕的全部9个步骤，她现在把自己看成是一个英雄，而不是一个受害者。

当然，玛洛琳在学习的过程中并不总是容易。她仍然渴望有一个像《奥齐和哈里特》中那样的家庭。当她发现自己无法抗拒这个渴望时，她就练习HEAL治疗法，并把这个渴望调整到合适的程度。当她发现自己无法抗拒这个渴望时，她就告诉自己充分去享有她已有的东西，或者她出去散个步，提醒自己拥有多么美妙的一天，或者未来可能会给她带来许多的可能性。

当你或生活为你选择了一堆"破旧玩意儿",本书中的内容可以教你如何获得内心的平静。当你练习 HEAL 治疗法时,你会开始了解宽恕在治愈你的生活方面所具有的全部力量。我希望你决定做一个宽恕者,接受生活中既有坏的经历也有好的经历这一事实。它会培养你的信心,让你相信自己能够处理生活中遇到的麻烦,而不会迷失在责备和痛苦中。我们不知道生活为我们准备了什么,但是我们知道宽恕给予了我们重返游戏、重新开始的力量。

要成为一个宽恕者,我们首先得学着宽恕一些小的不满。然后,当大的冒犯来临时,我们便准备好了,能够去应对了。或者,像玛洛琳一样,一旦我们学会宽恕大的不满,下一次我们再受到伤害时,我们就可以理解一件事情的价值了,即约束痛苦和愤怒对我们的控制力。我们没有谁可以让别人在我们的生活中一直举止善良、公平或诚实。我们无法终结生活中存在的残忍。我们所能做的是宽恕我们遇到的不好的事情,把精力都投入到彰显我们的积极意图上。然后,我们就可以帮助别人做同样的事。

宽恕首要的是一种选择。它是选择去获得内心的宁静、去完整地生活。我们可以选择一直沉湎于过去的痛苦和挫折之中,也可以选择继续前行,面对未来潜在的可能性。这是我们所有人都可以做出的选择,这个选择也会为我们带来更健康、更快乐的生活。研究表明,学习宽恕对健康有益。本书中提及的那些人的故事也表明,这些宽恕方法是有用的。选择去宽恕现在就是你的选择。

如果你留意的话,你会发现:我们生活的世界是一个复杂、神奇的地方。没有人知道明天将要发生什么。我们每个人的生活中都充满了一些成功和失败、一些苦难和快乐。无论我们看向何处,我们都可以发现爱和美，也可以发现残忍的自私和无情。

宽恕像其他积极情感一样，比如希望、同情和感激，都是人类情感的自然表达。它们深深地存在于我们每个人身上。像许多事情一样，它们都需要实践才能渐臻完美。当你实践这些积极情感时，它们会变得更强烈、更易发现。当我对我的朋友山姆心怀不满时，我感到的只有愤怒和无助。现在，我感到了爱，感到自己和他紧密地联系在一起。能够成为他的朋友，我感到幸运。我宽恕了他，我关于过去的记忆都是美好的。宽恕让我敞开了自身中精彩的一面。尽管实现宽恕并不容易，但它是很值得努力的。

宽恕像愤怒、痛苦一样，是对于伤害的一种自然反应。在阅读本书之前，大多数人并不了解如何去寻找内在的宽恕力量。我已经教你如何发现富于宽恕力量的那部分自己。我相信，你们每个人都能够并将学会宽恕。我希望我已经让你坚信，宽恕有力量改善我们的生活。

我已经教你如何在思想中少纠缠于自己的伤痛和不满。我希望你正在享受自己的美、爱和宽恕频道。请记住，你控制着遥控器。我相信，经过一段时间，你们每个人都将学会宽恕，你的思想、身体、人际关系、社区和精神都将因此而受益。

致　谢

我想感谢我的两个孩子——安娜（Anna）和丹尼（Danny）。在许多日子里，我的时间都花费在写作和在电脑上收听扬基队（Yankee）的比赛上。感谢他们对我的耐心。

我想感谢我的妻子简（Jan）给予我的爱、鼓励和关心。简是不需要读宽恕著作的，因为她几乎从不生气，从不心怀怨恨。在观察她对人生经历的巧妙反应中，我了解到了宽恕。我常常认为，我的著作只不过是把她温和的生活方式形诸语言罢了。

斯坦福疾病预防研究中心的肯尼思·佩尔蒂埃（Kenneth R. Pelletier）博士和威廉·哈斯凯尔（William Haskell）博士为我提供了无上的善意、指导和支持。他们都让宽恕项目在战火频仍的北爱尔兰获得了信赖，使得北爱尔兰参与者愿意花时间来世界一流的医学院，对此我表示感激。卡尔·托雷森（Carl Thoresen）博士让我明白，在内心和精神领域是可以开展好的研究的，他的鼓励和支持是非常宝贵的。此外，他是一个友善的、有眼光的、容易合作的研究搭档，他对人性之善有着显著的信仰。斯蒂芬妮·埃文斯（Stephanie Evans）博士是斯坦福宽恕项目的协调人，她对待这个项目就好像是对待她自己的一样。她的奉献、对待研究参与者的令人愉悦的、关爱的方式以及她的眼界对于该项目的成功，都与我所做的一切同等重要。阿莱克斯·哈里斯（Alex Harris）、塞缪尔·斯坦达德（Samuel Standard）、桑娅·本尼索维奇

（Sonya Benisovich）和詹妮弗·布鲁宁（Jennifer Bruning）等几位研究生的辛勤工作和积极视野都确保了斯坦福宽恕项目的成功。当我不知道自己在做什么时，希拉·纽伯格（Shira Neuberger）帮助了我。在她的帮助下，我在许多参与者参与实验的基础上，按时完成了自己的博士毕业论文。安德鲁·温泽伯格（Andrew Winzelberg）博士慷慨地为我提供了统计学上的帮助，他还是一位很好的跑步伙伴。

我的北爱尔兰项目应归功于博仁·布兰德牧师的主意和灵感。博仁对于受难者与生俱来的同情以及对于和平解决冲突理念的长期信仰，都是我们的北爱尔兰希望项目成功的基础。他也是一位非常容易相处的合作者，我期望将来可以开展更多的希望项目。

此外，我感谢诺尔玛·麦康维尔以及我遇到的所有勇敢的北爱尔兰人，他们希望继续成长的意愿鼓励了我。

我的经纪人吉莉安·马努斯（Jillian Manus）促成了我写作此书的想法。没有她的领导和眼界，我将不会有今日的成就。杰里米·卡茨（Jeremy Katz）向我提供了如何组织一本宽恕著作的最初线索。他的帮助是无私的、慷慨的，我感谢他这一点。吉迪恩·韦伊（Gideon Weil）是一位令人愉快的、乐于助人的编辑。他慷慨地赞扬我，带着耐心和敬意回答我所有的问题，我感到他完全站在我这一边。

最后，我要感谢参加我宽恕课程的所有学员。我想告诉你们，每当你们倾听、发问，并经常有所改善时，我都获得了感激和美妙之感，这一切都帮助我完成了此书。

图书在版编目（CIP）数据

学会宽恕 /（美）弗雷德·罗斯金著；张勇译.
—上海：上海社会科学院出版社，2019
　书名原文：Forgive for good: A PROVEN
　　　　　　Prescription for Health and Happiness
　ISBN 978-7-5520-2822-5

Ⅰ.①学… Ⅱ.①弗…②张… Ⅲ.①人生哲学—通俗读物 Ⅳ.① B821-49

中国版本图书馆 CIP 数据核字（2020）第 036508 号

FORGIVE FOR GOOD: A Proven Prescription for Health and Happiness
Copyright © 2002 by Frederic Luskin
Published by arrangement with HarperOne, an imprint of HarperCollins Publisher.

上海市版权局著作权合同登记号：图字 09-2019-587 号

学会宽恕

著　　者：（美）弗雷德·罗斯金
译　　者：张　勇
责任编辑：杜颖颖
特约编辑：刘红霞
封面设计：主语设计
出版发行：上海社会科学院出版社
　　　　　上海市顺昌路 622 号　邮编 200025
　　　　　电话总机 021-63315947　销售热线 021-53063735
　　　　　http://www.sassp.cn　E-mail: sassp@sassp.cn
印　　刷：河北鹏润印刷有限公司
开　　本：710 毫米 ×1000 毫米　1/16
印　　张：16
字　　数：210 千字
版　　次：2020 年 4 月第 1 版　2020 年 4 月第 1 次印刷

ISBN 978-7-5520-2822-5/B · 272　　　　　　定价：42.80 元

版权所有　翻印必究